DeepSeek创新与大模型时代

翟尤　王未来◎著

中国科学技术出版社

·北　京·

图书在版编目（CIP）数据

DeepSeek 创新与大模型时代 / 翟尤，王未来著 . 北京：中国科学技术出版社，2025. 3. -- ISBN 978-7-5236-1307-8

Ⅰ . TP18

中国国家版本馆 CIP 数据核字第 2025H1F319 号

策划编辑	郝　静　任长玉	**责任编辑**	郝　静　任长玉
封面设计	东合社	**版式设计**	蚂蚁设计
责任校对	焦　宁	**责任印制**	李晓霖

出　　版	中国科学技术出版社
发　　行	中国科学技术出版社有限公司
地　　址	北京市海淀区中关村南大街 16 号
邮　　编	100081
发行电话	010-62173865
传　　真	010-62173081
网　　址	http://www.cspbooks.com.cn

开　　本	710mm × 1000mm　1/16
字　　数	214 千字
印　　张	16.75
版　　次	2025 年 3 月第 1 版
印　　次	2025 年 3 月第 1 次印刷
印　　刷	北京盛通印刷股份有限公司
书　　号	ISBN 978-7-5236-1307-8/TP · 514
定　　价	79.00 元

前言

在这个信息爆炸的时代，人工智能（AI）已经不再是一个陌生的词语。从智能手机的语音助手到自动驾驶汽车，从智能客服到个性化推荐系统，AI已经融入我们生活的方方面面。然而，当人们在享受AI带来的便利同时，是否真正了解这些技术背后的原理？是否知道大模型、智能体这些火热话题背后的价值？是否了解DeepSeek成功背后的技术创新？更重要的是，在这个由AI大模型驱动的新时代，普通人又该如何把握机会，发掘自己的潜力？

作为长期关注并研究人工智能产业的研究人员，我们深感有责任将这些复杂的概念以一种易于理解的方式呈现给大家，让读者在轻松愉快的阅读中，对AI大模型有一个全面的认识。

首先，本书的创作，既是一次深入探索的旅程，也是一次自我挑战的突破。我们需要深入AI的每一个细节，从算法的基本原理到大模型的构建，从数据的采集与处理到模型的训练与优化，不仅要确保信息的准确性，还要努力让语言生动有趣。我们希望这本书能够帮助读者理解大模型的基本概念，比如，DeepSeek是如何突破算力的限制，以十分低廉的成本实现顶尖推理能力，而展现技术普惠的更多可能性；DeepSeek又是如何在保证性能的同时大幅降低能耗，为AI技术的可持续发展提供新范式。

其次，在人工智能的大潮中，每个人都有机会成为弄潮儿。无论你是企业家、开发者、设计师，还是普通职员，甚至是学生，都可以在AI的世界里找到自己的机会。本书将从产业的角度分析可能存在的机会和风口，帮助读者把握时代的脉搏。正如DeepSeek可以在教育领域通过智能学情分析和试题生成功能解放教师生产力，在数字化转型中可以为企业提供全场景解决方案，这些实践案例将为我们揭示AI赋能的无限可能。

再次，本书也是我们为读者准备的指南针，帮助读者发现自己的方向和兴趣点。在书中，读者不仅能够了解到AI的最新发展，还能够学会如何利用这些技术来提升工作效率和生活便利性，尤其是那些让人既兴奋又好奇的大模型，该如何让它与我们的闪光点结合，共同发挥出1+1>2的效果。我们不仅要使用AI大模型，更要和AI大模型携手，发现并增强优势，让AI大模型成为我们亲密无间的伙伴或战友，一同披荆斩棘。

最后，希望通过这本书，读者能够乘风破浪，尽情挥洒自己的才华和创意，在AI的帮助下，解决许多以前认为不可能解决的问题，创造出更多的可能性。本书是对人工智能世界的一次深情告白。在这个由0和1构成的数字世界里，我们试图用文字搭建一座桥梁，连接起人类的智慧与机器的逻辑。希望每一位读者，无论背景如何，都能在本书中找到属于自己的AI故事。让我们一起，跟随本书的指引，探索未知，发现可能，创造未来。

目 录

第一章 CHAPTER 1 智能新纪元：AI 的昨天、今天和明天 001

一、科技的巨轮：从机械到智能 001

欢迎进入人工智能时代 001

通用人工智能进入初级阶段 004

人工智能的两个分析维度 006

人工智能出现的新特征 008

练大模型与造飞机的“异曲同工之妙” 010

OpenAI o1 带来的大模型研发新范式 011

二、AI 是科学的奇迹还是技术的革新 018

人工智能是一门技术，还是科学呢 018

技术发展的速度，比我们想象的快很多 019

三、我们离真正的 AI 还有多远 022

人工智能带来的能动性 022

知识范式的变化 023

科技范式的变化 024

技术范式的变化 025

四、通用 AI 的等级如何划分 027

AI 大模型总结 031

第二章 CHAPTER 2 DeepSeek：人工智能的新篇章 ▶ 033

一、关于创始人梁文锋 034

“小镇做题家”的传奇经历 034

DeepSeek 快速出圈 035

二、DeepSeek 为什么引起大众关注 037

MoE 构建的术业有专攻 037

DeepSeekMLA 把有限的资源发挥到极致 038

三、DeepSeek大模型，你应该了解的几个关键点 041

科技公司对“蒸馏”的爱恨情仇 041

强化学习带来的“顿悟” 042

站在“开源”的肩膀上 044

引发如此大的反响，究竟是为何？ 047

AI 应用生态值得期待 048

四、DeepSeek 应用实践 051

OCASTR 法则 051

DeepSeek 给出的官方提示词案例 054

实践案例 064

AI 大模型总结 077

第三章 CHAPTER 3 语言的魔术师：巧解大模型 ▶ 079

一、语言模型：古老的智慧，现代的奇迹 079

二、AI 界的“魔方”——Transformer 083

三、大模型的“大脑”——技术原理与成长之路 087
如何训练一个大模型（严谨版） 087
如何训练一个大模型（极简小白版） 091
四、大模型的“白日梦”——幻觉 094
五、大模型的“年龄”——我们到了哪一步？ 098
六、大模型的“健身教练”——GPU 101
七、大模型的“紧箍咒”——隐私保护与对齐 106
AI 大模型总结 108

第四章 CHAPTER 4 跨越障碍：大模型的落地之旅 109
一、大模型：是互联网新规则的制定者吗？ 109
二、大模型落地：从实验室到市场的必经之路 112
大模型是新的“操作系统” 112
大模型在不同行业的应用 114
三、杀手级应用：大模型的“成名作”在哪？ 117
为什么还没有出现杀手级应用？ 117
哪些是真机会，哪些是伪机会？ 118
那些有潜质的应用有什么特点 120
大模型应用的两条发展路径 121
四、新风口：大模型时代的商业智慧与金矿 123
如何判断一个“风口” 123
客观看待大模型的“风口” 124

如何量化分析大模型的机遇 125
大模型新技术带来的新认知 127
大模型创业面临的两大挑战 129
五、行业专属：大模型如何成为行业“宠儿” 131
行业大模型价值与实践 131
客观看待行业大模型 134
六、自研大模型：为何我们需要自己的“AI 大脑” 137
七、大模型的启动键：如何让它发挥最大效能 143
八、持续进化：大模型的未来改进方向 145
优化上下文长度限制 145
让大模型更小、更便宜 145
新的模型架构 146
GPU 的替代方案 146
九、大模型的“安全垫”：确保 AI 健康发展 147
大模型面临的主要风险 147
大模型安全研究关键技术 149
如何评估大模型是否可信 150
AI 大模型总结 152
第五章 CHAPTER 5 数据的魔力：大模型的“核动能” 153
一、数据飞轮：AI 的“永动机” 153
二、数据资源：大模型时代的“石油” 155
什么是高质量数据语料 156

当前数据资源面临的挑战　156
目前能够使用哪些类型的数据　157
数据为什么会耗尽？　159
数据有何解决方案？　160
三、合成数据：AI 的“新燃料”　161
四、向量数据库：大模型的“图书馆”　163
AI 大模型总结　164

第六章 CHAPTER 6
探秘 AI 蓝图：
大模型的未来轨迹　165
一、AI 的下一站是哪里？　165
二、如何定义自主智能体　168
自主智能体的三种范式　173
三、AI Agent：AI 界的“超级英雄”　176
四、Agent 时代，人是最大的边际成本　179
五、AI Agent 的“财富密码”　180
六、自主智能体面临的技术与安全挑战　182
七、机器人 +AI 的“梦幻组合”　183
大模型在机器人上的尝试与探索　183
机器人获得训练数据依旧困难　186
八、AI 界的“共享经济”——开源大模型　188
开源的价值不亚于 ChatGPT 的价值　188

谁为开源进行付费？ 190
埃隆·马斯克开源 Grok 的“难言之隐”与“野望” 191
九、AI 的“健康体检”——大模型测评 195
AI 大模型总结 196

第七章 CHAPTER 7 智能生活：大模型重塑你我 197

一、AI 如何模拟人类智慧 197
大模型与神经网络的关系 197
大模型的能力和你的真本事无关 198
二、提问的艺术——如何与 AI 有效对话 200
对大模型的回答尽量“宽容” 200
问出好问题的 6 个步骤 201
不仅仅是工具，还是一名合作者 202
AI 的能力高低，很大程度上取决于你自己 203
三、人类与 AI 的创作：谁是真正的艺术家 204
AIGC 绘画的惊艳表现 204
AIGC 绘图可以完美融入工作中吗？ 209
人类创作有哪些独到之处？ 210
Sora 给行业带来的思考 212
四、超级个体：AI 时代的“新人类” 215
独一无二的你，独一无二的数据 215
“一人公司”运行模式 216
人类和人工智能协同有多重模式 218

面对未来场景，我们还能做些什么？ 220

五、职业变革：大模型是“终结者”还是“赋能者” 222

部分职业消亡是必然 222

大模型降低了门槛，也提升了上限 223

大模型如何融入你的工作流中 224

普通人能做哪些应对 225

AI 大模型总结 228

第八章 CHAPTER 8 智能时代的变革：大模型带来的冲击 ▶ 229

一、经济革命：AI 如何重塑经济格局 229

人工智能产业预测 229

人工智能典型行业应用 233

二、云计算 +AI——未来的“数字基石” 235

大模型正在经历云计算的类似阶段 235

大模型对云计算的影响 235

三、教育革新：AI 如何成为知识的“传播者” 237

教育模式的转变与回归 237

教育领域的五个潜在方向 238

大模型在教育领域面临的挑战 241

孩子们该如何面对这轮 AI 革命 242

四、医疗革新：未来的“健康守护者” 244

Alex 的治疗经历 244

未来 AI Agent 在医疗领域的展望 245

人工智能在医疗领域还能做什么　246
五、金融革新：大模型如何成为金融界的“魔术师”　247
六、硬件革新：智能硬件进入创新“拐点”　249
智能硬件创新趋势　249
七、中小企业的 AI 之路：如何利用大模型实现飞跃　251
八、Adobe 的逆袭：AI 改写创业产业　253
AI 大模型总结　255

第一章 智能新纪元：AI的昨天、今天和明天

一、科技的巨轮：从机械到智能

欢迎进入人工智能时代

技术是人类社会进步的重要推动力，正是因为技术的持续发展才塑造了今天的世界。出生于2020年以后的人，有专家形象地称他们为“Alpha世代”，Alpha世代的人将成长为人工智能时代的“原住民”。未来，人工智能将成为我们用来做决策和引导生活的重要工具和技术。正如领英（LinkedIn）的联合创始人雷德·霍夫曼（Reid Hoffman）所说：“AI不应该是人工智能的缩写，而是增强智能的缩写。因为AI有增强和提升我们的潜力，甚至可以定义人类的未来。”

过去，具备这种塑造和放大我们潜力和能力的技术和工具分别是互联网和智能手机，现在这个列表上需要将AI增列其中，甚至有望位居榜首。AI可以增强我们使用互联网、智能手机和其他技术的能力。

实际上，技术是一种很有效的工具，我们越早掌握它，就越能够更好地解决问题。例如：通过使用人工智能，可以用比过往快几十倍的速度来创造合成新的材料，改进电池、传感器设计；通过使用人工智能，医疗人员可以修正过往癌症的诊疗判断，给更多患者带来福音。对于普通人来说，人工智能的使用并不会很深奥与晦涩，它就像许多其他技术一样，会赋予我们更多能力、节省更多时间，这两者都是无价的礼物。

我们不仅进入了人工智能时代，还将成为人工智能时代的一部分。

什么是大模型，我们该如何理解这个闯入大众视野的“新物种”呢？

奇绩创坛创始人兼首席执行官陆奇博士曾经较为系统地分析了这个概念，他认为无论人还是机器，都是信息系统、模型系统和行动系统这三个体系的组合：

信息系统，以数据为信息媒介，通过观察与整个人类环境进行交互，从而获取信息。当前全球主流的互联网科技公司，其核心特征仍然是“信息搬运”，解决的是信息不对称问题，但这并不妨碍其取得巨大成就，以及对全球经济社会发展做出贡献。

模型系统，是将数据转化为知识表达，通过推理和规划来实现预期的目标。这一阶段也是我们经历大模型爆发的节点，从“信息无处不在”向“模型无处不在”转变。

行动系统，是与环境互动，控制能量转换，实现对物理世界、生物世界和人类社会的控制，达成预期目标。比如未来有望普及的自动驾驶、脑机接口、量子计算，等等。

以上是从体系化的角度来分析什么是大模型。接着，我们从技术的角度进行拆解：

从人工智能的技术角度，我们可以更加直观地看到人工智能与大模型以及 ChatGPT 的关系，如图 1-1 所示。

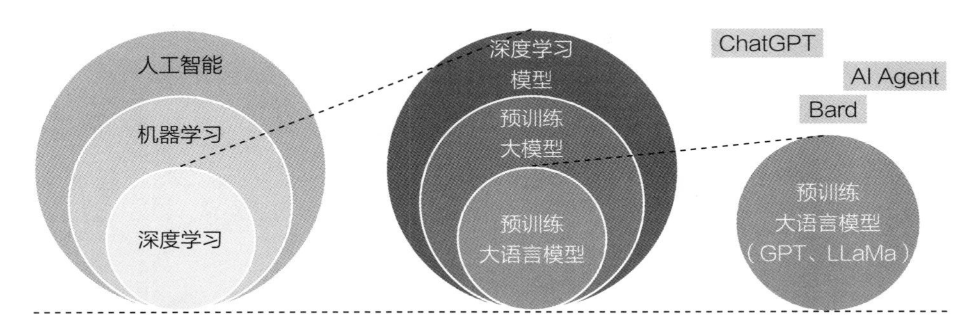

图 1-1　人工智能与 ChatGPT 分类结构图

从第一个圆形图可以看出：人工智能研究领域众多，其中就包括机器学习，我们熟知的深度学习则是机器学习的重要领域之一。深度学习进一步拆解，得到了第二张圆形图：在这里，由于 Transformer 理论的诞生，海量数据可以被模型训练所使用，预训练大模型开始进入研究人员的视野。2023 年以来我们挂在嘴边的大模型，其实中文全称是“预训练大语言模型”（Pre-trained Language Models，PLMs）。

这里预训练大语言模型是一个统称，杰出代表就是 OpenAI 公司的 GPT-3.5、GPT-4 等模型，进而在这些模型的基础上有了 ChatGPT 等大模型应用产品。ChatGPT 的英文全称是 Chat Generative Pre-trained Transformer，中文直译“生成式预训练变换器。”

相较于传统的深度学习技术，ChatGPT、GPT-4 主要是在智能性和通用性上取得了巨大成功，具备语言、知识、推理能力，能够很好地完成智能行为。这个过程不需要进行大量数据标记就可以完成不同领域的任务。这一能力的出现得益于两个原因：一方面，使用大数据、大模型、大算力，规模上产生了质的变化。对比 ChatGPT、GPT-4 和之前模型的参数规模，就会发现它们的数量级相差巨大。另一方面，OpenAI 开发的大模型研究方法，在工程上实现了突破。工程实现和模型调教成为 OpenAI 的核心竞争力。

至此，我们从技术角度追根溯源，发现这样一种路径：人工智能＞机器学习＞深度学习＞深度学习模型＞预训练大语言模型。目前，全球较为典型的大模型主要有以下几个（见表 1–1）。

表 1–1　全球典型大模型及特点

序号	名称	公司	特点
1	GPT-4	OpenAI	· 2023 年 3 月发布，支持最大 3.28 万个 token 的上下文长度 · 具有复杂推理理解、高级编码、多种学术考试能力 · 第一个可以接受文本和图像输入的多模态模型 · 使用人类反馈强化学习和领域专家进行对抗测试
2	PaLM2	谷歌	· 多语言模型，可以理解成语、谜语和不同语言的细微文本 · 具备常识推理、形式逻辑、数学和 20 多种语言的高级编码 · 反应速度快，支持最大上下文长度为 4096 个词组
3	Claude	Anthropic	· 前 OpenAI 员工创立，目标是打造乐于助人、诚实无害的人工智能助手 · 支持最大上下文长度为 7.5 万个单词
4	Cohere	Cohere	· 创始人艾丹 · 戈 · 麦斯是论文 *Attention is all you need* 作者之一 · 聚焦 ToB，为企业解决生成式人工智能用例 · 模型准确性较高，优于其他大模型
5	LLaMa	Meta	· 知名度较高的开源模型，大量创业者使用 LLaMa 进行微调和创新 · 训练数据主要来源于 CommonCrawl、C4、GitHub、ArXiv、维基百科、StackExchange 等的公开数据

通用人工智能进入初级阶段

2023 年以来，人工智能已经成为热门的讨论话题。大模型将人类对世界的认知进行压缩，如同新时代的“发电厂”一般，让我们看到了实现通用人工智能的潜在路径。实际上，人工智能的发展一直存在两种不同的路径：

一种是专注于特定任务的人工智能，我们称之为“专用人工智能”。例如，AlphaGo 就是一个典型的代表，它在围棋领域战胜了人类选手，主要专注于围棋这个具体的方向。这一类人工智能如图 1–2 所示，主要是收集单一领域的数据并完成单一的任务。虽然也能够在机器视觉、棋牌类游戏等领域有很好的应用，但是大量数据集和模型之间形成孤岛，无法连接。同时，数据集还需要大量人工标记，费时费力。因此，专用人工智能也被称为人工智能 1.0 时代，人工智能的泛化能力较差，只能完成单一的任务。

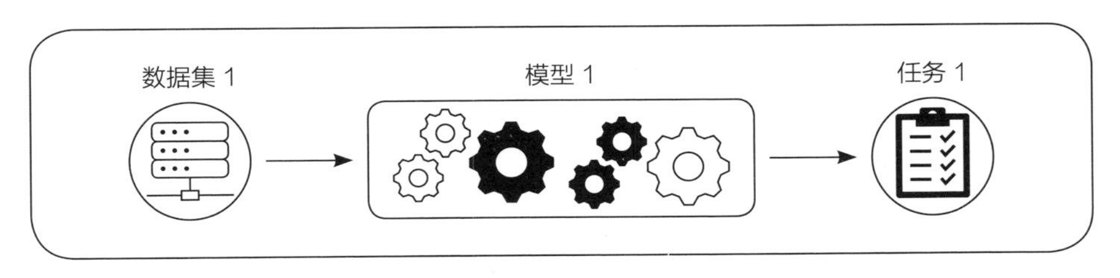

图 1–2　人工智能 1.0 示意图

另一种则是当前较为热门的“通用人工智能”，典型代表就是 ChatGPT。也就是说，在 2022 年 11 月底 ChatGPT 出现之前，我们所说的人工智能大部分指的是专用人工智能，而 ChatGPT 的出现，让我们意识到通用人工智能的巨大发展潜力。在这一阶段，海量数据资源被用来训练模型，不仅包括文本语料，还包括音视频、3D 等资源也可成为模型训练的重要“养料”，而且不需要大量人工进行数据标记。这一时期会有一个具备跨领域的基础模型出现，能够处理和理解多种类型的信息，例如文本、图像、音频、视频等，这种人工智能被称为人工智能 2.0，如图 1–3 所示。它不仅能够处理单一数据类型的任务，还可以在不同数据类型之间建立联系和融合，能够实现一个综合、全面的理解，更快地完成任务，大幅提升工作效率。

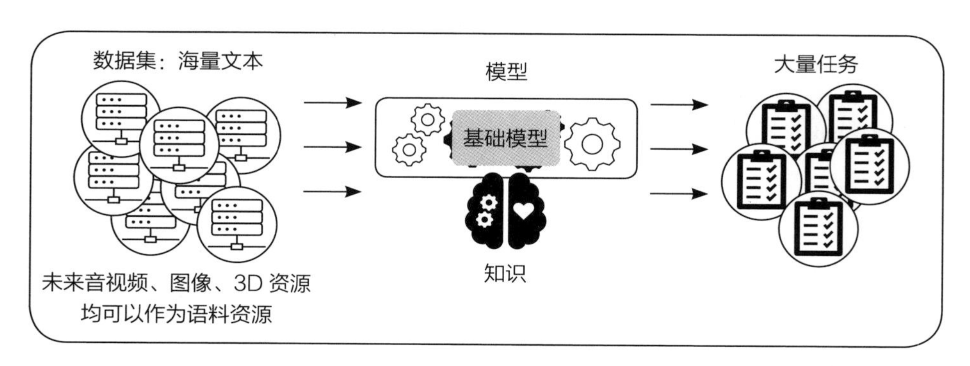

图 1-3　人工智能 2.0 示意图

人工智能的两个分析维度

为了更好地区分和理解专用人工智能和通用人工智能，我们通过两个变量来进行分析和解构，**即环境（封闭或开放）和策略（动态或静态）**。这样，可以看到人工智能在哪些领域已经影响我们的工作和生活。从简单到复杂，图 1–4 的四个象限显示了我们熟悉的一些应用。

（1）封闭环境、静态策略：这类人工智能应用在封闭环境中采用静态策略，是我们在日常生活中经常接触到的。例如，机场、火车站、大楼中常用的人脸识别系统，都是机器视觉的典型应用，也是 ChatGPT 出现之前，国内人工智能创业的主要领域。

（2）封闭环境、动态策略：这类应用在封闭环境中采用动态策略。例如，下围棋的 AlphaGo 就是这一领域的杰出代表。它在特定环境中充分发挥了人工智能的优势，AlphaGo 战胜人类围棋选手后，更是引发了全球的关注。但是这类人工智能能力的可迁移性较差，它只能解决单一的问题，不

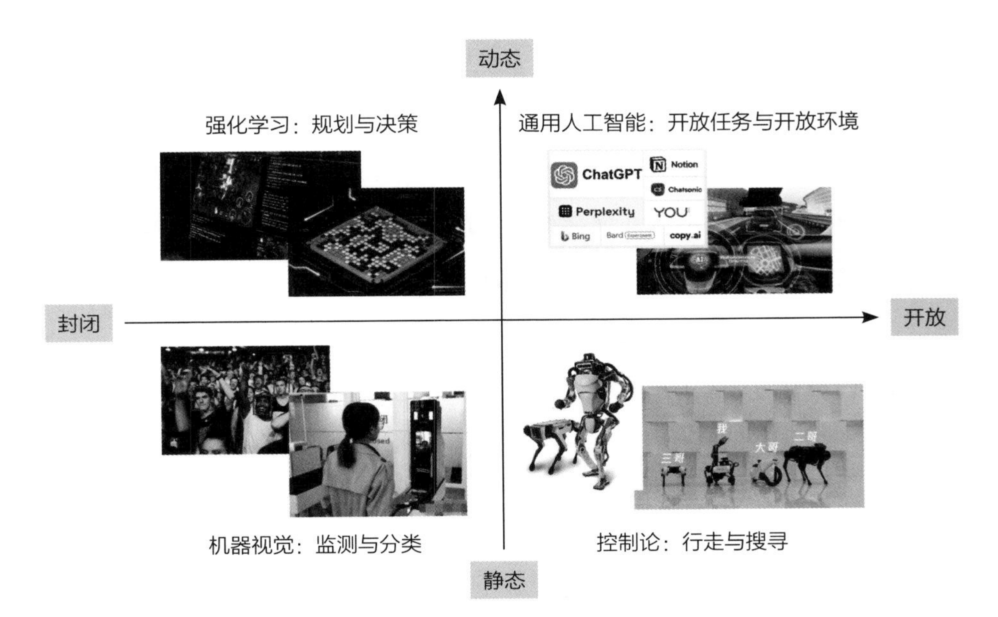

图 1-4　人工智能环境与策略示意图

具备举一反三的能力。例如。AlphaGo 在围棋领域可以一骑绝尘，但是在麻将领域的能力复用性就差很多。

（3）**开放环境、静态策略：** 这类应用在开放环境中采用静态策略，目前已经逐渐进入物理世界。例如，波士顿动力公司的机器狗，它能在各种路面上行走，来完成一些工作任务，包括重物运输、救灾巡检等，即使被人踹一脚也不会倒，甚至还能翻跟头，令人印象深刻。然而，它们的策略基本上较为固定，主要是根据外部环境来调整自身行为。

（4）**开放环境、动态策略：** 这类应用在开放环境中执行开放性任务，也就是当前备受关注的通用人工智能，从预训练阶段就具备了举一反三的能力。会议纪要自动生成、工作大纲撰写、聊天机器人、人工智能绘画、创意设计、虚拟专家等，都在最近几年的时间里让我们看到了通用人工智能发展的曙光。

可以看到，从简单到复杂，**人工智能经历了任务模型、领域模型、认知模型的三个阶段：**第一阶段是任务模型，以封闭环境、静态策略的人工智能应用为主，目标是完成特定任务，属于“任务模型”，一旦离开它所专注的某个任务，人工智能就会变得无能为力。第二阶段是领域模型，目标是完成某个特定领域的工作，如教师、医生、金融分析师、行业研究员、律师等。大模型的出现让这些领域的工作效率有了显著提升，甚至有颠覆的可能。第三阶段是认知模型，如同人类一样会看、会听、会思考、会规划，这个阶段目前还未到来，GPT-4 处于认知模型的“初级阶段”，也就是通用人工智能的“初级阶段”。

人工智能出现的新特征

再次回望近几年人工智能的爆发历程，尤其是大模型的发展，我们会发现当下的大模型已经呈现出一些新的特点。

（1）成本逐步降低。大模型训练的成本一直是让人望而却步的鸿沟，尤其是 OpenAI 公司的 GPT 系列大模型，动辄上千万美元的训练成本让中小企业望而却步。但随着模型思路的创新，成本正在不断下降。例如，华盛顿大学发布的 Guanaco 模型只需要 24 小时的微调就可以达到模型使用的基本标准，如果参数更小的话，微调时间会进一步下降。对于 GPU，英伟达推出的 A100 芯片也不是必需的，极限情况下只需要含 24GB 的 RTX4090 显卡（一款显卡产品）就可以完成训练。同时，模型加速领域已经建立了很多有影响力的开源工具，清华大学推出的 BMTrain，能够将 GPT-3 的大模型训练成本降低 90% 以上。

（2）技术平民化。随着大模型开源的繁荣，越来越多研究人员成为

“超级个体”，可以利用各种已经公开的技术来打造自己的模型。例如清华大学的一位本科生利用不到一个月时间研发了 OpenChat 模型，部分性能甚至接近 GPT-3.5。可见，在大模型的创新浪潮中并非需要研发人员具备二三十年以上的经验，善于利用工具、使用工具的人，其工作效率将会成指数级提升。

（3）应用便捷化。大模型给大家的认知一般参数较大，万亿级、千亿级的模型已经司空见惯，但这样的模型并不有利于应用普及。目前研发人员正在不断地将模型参数进行简化，未来模型参数可以降低到 10 亿级甚至更低，但性能基本保持不变。例如，微软在 2023 年 12 月发布的 Phi-2 模型，虽然仅有 27 亿参数，且在 96 个 A100 GPU 上训练时间仅为 14 天，但是 Phi-2 在常识推理、语言理解、数学编码等领域超过了 130 亿参数的 LLaMa2；Stability.AI 发布了 30 亿参数的模型 Zephyr 3B。清华大学和哈尔滨工业大学更是提出了大模型 1bit 极限压缩框架 OneBit，首次实现大模型权重压缩超越 90% 并保留大部分（83%）能力。模型微型化可以让笔记本电脑、手机、汽车、无人机、机器人等进一步普及和装载大模型，人手一个大模型将在未来成为现实。

回望历史，工业革命早期，人们担心以体力换取价值变得越来越低效，引发恐慌。但事实上，工业革命以来，工程师、白领等职业的出现，让人们依靠脑力活动创造了更丰富的物质生活；同样，在人工智能拐点来临之际，人们可以从烦琐、机械的脑力劳动中解放出来，可以在创造力上进行发力，实现更大的价值和创新。

无论我们现在处于什么位置，不久的将来都将面临一个共同的挑战，那就是**如何成为智能时代的“原生物种”**。只有这样才能有机会生存下去，不被历史发展的列车甩在后面。

练大模型与造飞机的“异曲同工之妙”

飞机是当前全球重要的交通工具，但是天上飞得最多的飞机并不是时速最快的，飞机和大模型有哪些异同？我们可以从以下几个视角分析。

系统工程：大模型和飞机都是人类创造的复杂工程系统，都需要大量的资源来构建和运行。所不同的是，人们知道飞机是如何制造和如何运行的，但是人们对大模型的基本原理并没有完全掌握。

用途与规模：模型参数有大有小，如同飞机一样，有小型飞机用于个人或者专业领域；也有大型飞机用于商业或者军事目的。

优化与更新：大模型需要考虑语言的变化和多样性，飞机需要考虑气候的变化和安全性。

商业与生态：大模型和飞机都是由全球几家大型公司来负责生产和运营的，如 OpenAI、谷歌等公司在大模型领域；波音、空客等公司在飞机领域。

限制与挑战：大模型需要解决可解释性、可信赖等问题；造飞机需要解决噪声和污染等问题。同时大模型和飞机都需要遵守一定的标准和准则，从而保证安全与合规。比如大模型需要符合人工智能伦理原则，飞机需要符合航空法规。

风险与影响：大模型可能会造假甚至操纵信息，飞机则可以用于战争等。

从应用的角度看，大模型的上限还有很大的提升空间，与已经普及的飞机相比有很大的推广使用潜力。人工智能还有更多惊喜等待我们去发现，同时大模型的下限还不够稳定，如何圈定技术的边界、合理设定目标、明确要解决的问题，是我们当前面临的重要挑战。

OpenAI o1 带来的大模型研发新范式

从最近两年的大模型发展之路，可以看出提升大模型的认知能力主要是靠大模型文本模型，而提升文本模型认知能力的核心主要是靠复杂逻辑推理能力，这也是当前大模型面临的主要问题之一。大模型逻辑能力越强，就越能够解锁更多复杂场景和应用，大模型的应用天花板就会越高。大模型最被人诟病的就是逻辑能力较差，因此不遗余力地提升大模型的逻辑能力成为当前业界关心的重点。

1. OpenAI o1 的创新点，让模型学会思考

OpenAI o1 模型带来的研发范式，可以理解为：OpenAI o1 专门用于处理复杂的推理任务，它能够在内部进行长链条的逻辑推理和思考过程，从而确保回应的质量和深度。以 OpenAI o1 作为基座模型生成逻辑推理方面的合成数据，从而增强 GPT-4 或者 GPT-5 模型的能力，甚至是替换 GPT-4 模型，用以提升未来模型在复杂任务方面的逻辑推理能力和问题解决能力，解锁更多应用场景。

那么 OpenAI o1 是如何实现逻辑推理能力提升的呢？

事实上，OpenAI 的做法也很简单，本质上就是把思维链（Chain of Thought）和强化学习（Reinforcement Learning）自动化或者内置化。也就是说 OpenAI o1 是让大模型学会自动寻找“问题的正确答案”的中间步骤，从而增强复杂问题的解决能力。

在强化学习方面，模型通过与环境的交互来学习如何做出决策。在应用过程中可能包括以下三个步骤：一是奖励机制，当模型输出的内容接近正确答案或者有效解决方案的时候，则给予正向奖励，反之则给予惩罚；二是策略优化，模型通过不断尝试不同的策略来解决问题，并根据奖励反

馈调整其策略；三是自我改进，模型在不断训练循环中自我改进，以提高解决问题的效率和准确性。

在思维链方面，模型在给出答案之前，会模拟人类解决问题时的思考过程，包括将复杂问题分解，然后逐步解决，最终得出结论。在应用过程中可能包含以下三个步骤：一是问题分解，将复杂问题分解为一系列更简答的问题或者步骤；二是中间推理，对每个子问题进行推理，生成中间步骤和解释；三是整合答案，将中间步骤整合起来，形成对原始问题的完整回答。

因此，OpenAI o1 的工作方式和之前的聊天机器人（比如 ChatGPT）有了本质区别：OpenAI o1 会把问题拆分为多个步骤，分别思考后再生成答案。这预示着 OpenAI 将开启提高模型准确性、降低幻觉的新征程，如图 1-5 所示。

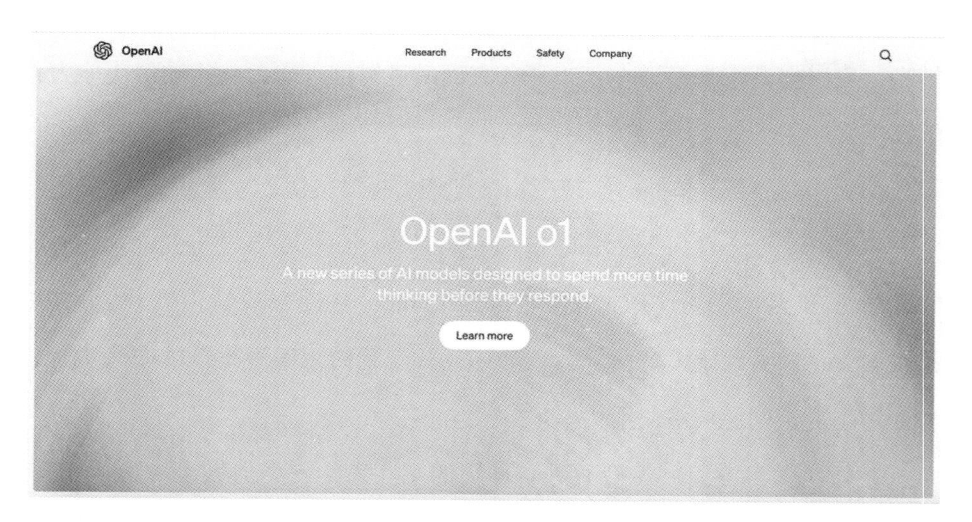

图 1-5　OpenAI 关于 o1 模型的介绍页面（来源：https://openai.com/）

在模型中增加思维链，这样一来模型思考的时间就会增长，也就是说

OpenAI 用推理事件来换取训练时间，用强化学习方法让模型学会“慢思考”。在 OpenAI o1 的博客中，给出了更加详细的解释：类似人们回答一个复杂难题之前，会进行长时间的思考。OpenAI o1 在尝试解决问题的时候使用了“思维链”，通过强化学习来不断优化思维链，从而使得模型学会了识别和纠正错误，把复杂的步骤分解为更为简答的步骤，最终极大地提高了模型的逻辑推理能力。

通过分析已经公开的资料，我们可以勾勒出 OpenAI o1 的基本“思考”路径，见表 1-2。

表 1-2　OpenAI o1 的逻辑推理链

序号	名称	解释
1	问题理解	模型首先理解问题的基本要求和目标
2	策略选择	基于训练数据和之前的奖励反馈，模型选择一个解决问题的策略
3	多步骤推理	模型执行一系列推理步骤，每个步骤都可能涉及对子问题的解决
4	自我监控与调整	在推理过程中，模型可能会自我监控进展，并根据需要调整策略
5	结果生成	最终模型将所有推理步骤整合，生成对原始问题的解答
6	反馈学习	模型根据问题解决的结果获得反馈，这将用于未来的训练，以进一步优化其推理能力

这种思考能力，在回答简单问题的时候似乎没有多少优势，但是在编写代码、做数学题、进行科学领域研究等复杂度较高的领域，这种思考能力的价值和必要性就凸显出来了：它不但学会了如何优化思考过程，还能灵活运用不同的问题解决策略，并且具备自我纠错的能力。更重要的是，这种思维模式，是智慧的早期形态和雏形。

2. 逻辑推理的难度和挑战

也许会有人提出疑问，在预训练阶段是否也可以进行逻辑推理能力的提升。这里面，有两个核心问题无法回避，那就是数据和深度。

首先是数据。当前，大模型之所以逻辑推理能力不足，很大原因在于训练数据。因为能够体现逻辑能力的数据（包括代码、数学题、物理题、科技论文、教科书等内容）在训练数据中的比例太低，就会导致大模型训练的效果不够明显。虽然研发人员一直在努力不断增加逻辑推理方面的数据的绝对量，但是在整体占比上依旧太少，导致这方面提升的效果和增加的总体数据规模不成比例，结果就是大模型的逻辑推理能力不够。

然后是深度。大模型的预训练，是把语料中的规律提炼成知识的过程，但是推理则是利用知识做预测的过程。例如，GPT-4 级别的模型可以提炼出语料资源中的规律层面的知识，但是想要从语料中提取出“万有引力”“牛顿定律”层次的知识，还是难度较大。也就是说，单独依靠大量的算力和数据，很难提取出现代自然科学层次的知识，更何况像 GPT-4 级别的模型已经几乎用掉了所有高质量语料。

因此，如果未来模型要具备很强的思考和规划能力，那么任务的复杂度就决定了模型要先规划好先做什么，如果中间过程中的结果和之前想的不一样，可以随时调整或者换成别的方式。因此，这一过程中遵循指令、推理能力都将决定模型能力的上限。

3. 强化学习与思维链的价值

既然目前的大语言模型本身并不擅长推理，那么是否可以在模型推理阶段让人来告诉它如何推理、怎么推理呢？也就是说用思维链来告诉模型该如何一步一步推理，同时在这个过程中强化学习也将发挥重要作用。

其实早在 GPT-3.5 出现的时候，就应用了“人类反馈强化学习”，该模型用人们标注的数据学会了如何回答问题，从而开发出了 ChatGPT 这一划时代的产品。OpenAI o1 也是应用了人类表述的数据和模型，进行自我对弈。类似 AlphaGo 和 AlphaZero 通过强化学习，不断地让模型相互学习、相互对弈来提升棋艺，最终其能力远远超过人类一样开发者也在让模型在不断学习和思考中逐步提升逻辑推理能力。我们在 OpenAI o1 身上，可以明显看到思维链和强化学习的痕迹。

那么为什么是强化学习？一个关键因素在于目前高质量的数据资源已经基本用尽的时候，该如何提高模型能力？如同世界上的数学题数量是有限的，要想提升模型的数学能力怎么办？

强化学习的作用，就如同让模型自己生成更多的题目，然后自己去做。在这个过程中模型有的做对了，有的做错了。然后去学习哪些做对了，做错的原因是什么，从而不断地自我提升。这个过程中，OpenAI o1 会有很多思考，这些思考的核心其实就是生成数据的过程。这些数据过往是不存在的，例如一个优秀的数学家证明一个新定理，会把推导过程、结论、答案写出来，但是不会把思考过程都公布出来。OpenAI o1 希望能够把人脑里本身的思考过程生成出来，然后通过学习这个思考过程来得到能力的泛化。在这一过程中还能产生很多之前不存在的数据，从而对模型形成更好的补充和训练。

那么，GPT 系列大模型和现在的 OpenAI o1 有什么异同呢？

如果把 GPT 系列大模型和 OpenAI o1 做一个类比的话，就如同 GPT 类大模型主要靠预训练、大数据、大算力实现一代代模型的能力迭代，强化学习则是充分利用当前这一代基础模型的能力，不断地保证产品和解决方案推陈出新。这里算力的聚焦点，也会发生变化。从过往的聚焦在训练阶段，开始向推理阶段发展。强化学习和思维链的价值在不断增大、不断规模化，因此推理方面也将需要更多的算力。这一过程跟人的思考过程有点类似，当我们需要人去完成一个复杂任务的时候，思考的过程将花费更多的时间，然后再给出答案或者执行任务。

需要强调的是，大模型的能力依旧来自数据，若数据不全面或者不充分，那么只靠模型本身是难以提高或培养自身能力的。OpenAI o1 相当于实现了一个合成专业数据的办法，有了这些专业数据，OpenAI o1 就能够学习到专业能力了。当然，在大模型发展的路径上，并非只有 OpenAI 一家企业在发力。尤其是在 OpenAI o1 发布的技术报告中，我们也看到 OpenAI 还专门向友商 Anthropic、谷歌表示致谢，尤其是在 Claude3.5 和 Gemini Pro 2 方面的贡献，想必相关内容也对 OpenAI o1 的研发起到了一定的作用和影响。

4. 对 AI Agent 带来更多正面影响

所有复杂的人工环节实现自动化，才是大模型落地必经之路。在用户层面的最佳效果就是，用户不用撰写复杂的提示词，通过思维链内置化把复杂的提示词内容自动化。毕竟让用户撰写复杂的提示词并不现实。那么，这样的特点和趋势，带来的好处之一就是，AI Agent 的实现路径不再曲折，甚至出现了光明。

要知道，当前 AI Agent 面临的主要问题就在于基础模型的复杂推理推理能力不足，导致还有很多应用领域难以真正交给 AI Agent 进行落地。例如，通过基础模型把一个复杂任务分解为 8 个步骤，哪怕每个步骤的正确率为 98%，那么 8 个步骤连续完成下来，最终的正确率也会降低到 81.7%。如果将任务分解成 10 个步骤、20 个步骤呢？正确率将会降到惨不忍睹的水平。因此，当前的 AI Agent 在大规模商用面前还是有很多不足。

目前看，OpenAI o1 对于简单和中等难度的 Agent 任务的执行有明显的提升，也就是把 OpenAI o1 的慢思考能力从数学推广到解决通用问题上，从而增加解决复杂问题的可靠性。这也反映了通过强化学习来增强逻辑推理能力的方式，是值得探索和发展的。未来，随着问题复杂度的不断增加，模型和人的交互方式也可能发生变化，现在的交互方式是同步的形式，未来会变成异步，也就是说允许模型花一些时间查阅资料，然后思考分析之后，再给出我们一个报告。这样模型就能够完成更高阶的任务。

其中更值得关注的是，强化学习并不需要诸如大模型预训练阶段那么多的算力资源，这让中小企业和学术界有机会参与到这一创新的前沿领域之中。未来，在训练阶段：每单位浮点数能够得到的智能越来越多。在推理阶段：产生相同智能结果的成本越来越低。

按照OpenAI的说法，OpenAI o1的理科水平已经达到了人类博士的水平。也许在AI的世界里，我们不必成为“最聪明”的那个人，而是要成为最懂如何利用好“最聪明工具”的人。

二、AI 是科学的奇迹还是技术的革新

人工智能是一门技术，还是科学呢

之所以提出这个问题，并进行学术探讨，是因为要回答一个根本性的问题——我们应该如何看待人工智能与人类的关系。

所谓技术，可以理解为创造发明新的事物；科学则是探索和发现事物或者现象背后的规律。以人工智能为例，人工智能的目的是创造智能化的系统，创造出前沿的、未知的，甚至是未曾出现的事物。我们不难发现，人工智能做的事情更多的是在技术范畴之内。很多人习惯性认为，科学是技术的基础，要想做研究就必须把科学搞清楚，然后再去指导技术研发。事实上，这只是一种思维的偏见。在自然科学和生物科学等领域，因为研究对象本来就存在，所以可以研究背后的规律。**人工智能创造的系统还在探索阶段，其背后的科学原理还没有搞清楚，但是这并不意味着人工智能就不需要发展**。

事实上，从深蓝到 AlphaGo，从大模型到 ChatGPT，人工智能系统的发展速度非常快，其背后的科学原理并没有完全搞清楚，尤其是大模型的原理更是被称为“黑箱”。人们没有明白背后的原理，这不影响我们在工程化上的实践和创新。

这种实践和创新，正是把人工智能视为一种技术的关键所在。我们需要发明更加强大的算法或者系统，基于此来研究背后的规律。这个过程中，人工智能不断迭代更新，形成新的智能模式，出现更加强大的智能系统。

人工智能也将为科学创造越来越复杂的研究对象，不断拓展科学的边界。

因此，人工智能是科学的先导，而不是科学的应用。

技术发展的速度，比我们想象的快很多

人工智能技术，在大模型的推动下已经进入快车道。红杉资本曾预测人工智能在音视频、3D 领域还需要 3~5 年甚至更长的时间才能落地，但现实发展远超预测。

2024 年初，具有好莱坞大片水准的生成式视频让 Sora 名声大噪；AI 的基础代码生成能力可以达到“实习生”水平，不带有机械感地生成人类语音，可以让孙燕姿隔空歌唱《成都》。全球知名的连锁超市沃尔玛也宣布在电商平台引入 3 款生成式人工智能产品：可以根据文本提示内容来帮助用户生成购物建议、搜索建议和评论摘要等。比如，用户需要举办一个圣诞节派对，传统的做法是搜索彩带、气球、纸巾、餐盘、食品、饮料等物品。但是通过生成式人工智能助手，可以直接输入“我想举办一个圣诞节派对，帮我看看需要准备哪些物品？”就可以完成所有物品的搜索（见图 1–6）。

同时，人工智能创新也不仅是初创企业的独门秘籍，谷歌、Adobe 等老牌科技企业迅速跟进，甚至比创业公司还乐于尝试新技术、承担新风险。尤其是那些能够嵌入企业工作流中，让用户更加自然使用的人工智能解决方案，将能够创造出更加持久的竞争优势。例如，Adobe 就借助 AIGC 推出 Firefly，已经全面接入 Photoshop、Illustrator、Premiere Pro 等产品中。这些老牌应用在设计领域不但占据较高的市场份额，而且拥有技术落地最关键的应用场景，让用户的操作更容易，最终为 Adobe 带来稳定的现金流。不

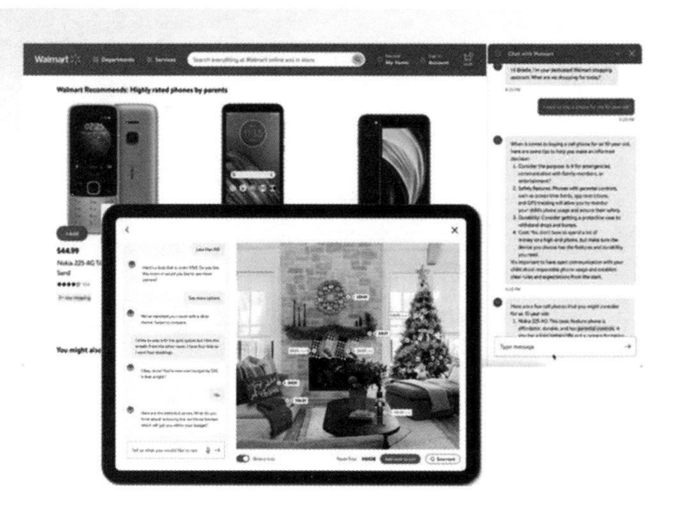

搜索助手

过去我们想举办一个万圣节派对，要单一搜索彩带、气球、纸巾、餐盘、食品、饮料等物品。现在，通过搜索助手只需要输入“我想举办一个万圣节派对，帮我看看需要准备哪些物品？”即可一键完成所有物品搜索，同样支持多轮深度连续发问。

购物助手

根据用户的文本提问提供详细、个性化购物建议。例如，我想为 12 岁孩子买一部手机，有哪些建议吗？购物助手会列出父母控制功能、耐用、价格、简单易用、教育应用等详细建议，随后会把符合标准的产品列出来。

图 1-6　购物场景下的生成或人工智能产品

少商业设计师想要在不改变自身工作流的情况下，使用 AIGC 提升效率，购买 Adobe 会员就成为较为有效的方式，相当于在已有的工作流程中，直接用 AIGC 简化业务量、节省工作时间。

三、我们离真正的 AI 还有多远

人工智能带来的能动性

在人类发展的历程中，会出现具有划时代意义的技术变革，但是过往这些变革有一个非常明显的特征，那就是都处于人类的控制之下，并且能够被人们很好地理解。**以工业革命的技术为例，大部分技术都是“赋能型技术”**，无论是飞机、火箭、轮船、汽车还是核能、通信网络，这些都是工程性的机械发明。这些技术的出现扩展了人类可以触及的边界，提高了生产效率，各种技术是在人类的规则下运行，技术本身不具备能动性。

人工智能则明显不同，虽然大模型也是人类创造出来的，但是其能动性较强，而且很多行为和输出的内容机理并不被人所理解，甚至是超出了人类所能理解的范围：包括理解语言、翻译语言、做决策等。这些都是人类的基本能力，而现在这些能力都面临人工智能这一技术的挑战。因此，人工智能对人类的影响是颠覆性的、意义深远的。

长久以来，人们都希望通过对现实世界和自然规律的认识不断提高对世界的掌控。但是必须承认的是，我们对人类生活的世界以及更广阔空间的认识还是非常有限的，对很多问题和现象还无法认识清楚，甚至无法理解。人工智能的出现则可能会在一定程度上改变这种现象，它会触及与人们接触的迥然不同的层面。例如，麻省理工学院的研究人员利用人工智能技术发现了新的抗生素。发现新抗生素的传统方法成本太高，但是人工智能可以通过学习有效的抗菌分子结构模式，提高识别效率。在这个过程中，人工智能可以识别出那些人们不易察觉，甚至超越人类描述的分子结构。换句话说，人工智能会拓宽人们的视野，更加深入地触及事物的本质。

有些人将未来视为当下，用成果迎接未来；有些人将现在视作过去，用资源抵挡变化。在大模型的推动下，我们将在知识、科学、技术等方面迎来巨大变化。

知识范式的变化

近 200 年的时间里，随着蒸汽机、工业革命、互联网的出现，人类知识库容量快速增长。尤其是互联网的诞生，首次将人类知识外化成为一个基于网络的庞大知识库，通过互联网让全球各地的人们共享、丰富这个知识库，最终使得技术进步在近 60 年的时间内呈现密集爆发的态势。

面对海量知识，如何精准地找到自己需要的内容成为搜索引擎发展的刚需，为此谷歌、百度、必应等企业的价值逐步凸显，成为推动人类知识库发展的关键力量。在互联网海量知识被索引之后，如何智能化成为下一步的重要议题。随着 ChatGPT 的出现，大模型兴起，标志着互联网外化人类知识形态向前迈进了一大步，那就是从知识的搜索向智能化进行转变。

我们再往前做一点畅想：未来每个公司是否都有一个自己的人工智能工厂、这样，算力、存储、高通量数据处理都在人工智能工厂的超级芯片里进行处理和计算，企业和个人可以根据自己的知识或数据来对它进行训练，数据不对外从而避免数据泄露。

用人工智能的“魔法”来打造自己的“魔法”。

科技范式的变化

传统的科技发展范式主要是由高校、研究机构来引发，比如，高校的某位科学家在前沿科技领域取得了革命性的突破，研究成果可能引发轰动，也可能难以被人们理解。直到多年后企业家在商业创新中发现了这项研究成果，并尝试在业内进行商业化。经过多年的努力，这项技术成功落地，不但改变了业界结构，甚至改变了全球经济社会发展方向。再经过多年的普及，这项技术已经像智能手机一般在全球普及，年迈的科学家获此殊荣，媒体也纷纷跟进，讲述这几十年里技术是如何取得从 0 到 1 的突破，又是如何改变世界的经历。

在这个过程中，大家可以发现产学研是分开的，不但在主体上是分开的，在时空上也是分开的，这也就导致科学研究造福大众的速度多半是缓慢的。OpenAI 通过 ChatGPT 引发的大模型浪潮，似乎在改变这一规则——科技发展是可以实现产学研一体的。

回顾 2023 年爆发的大模型浪潮，我们会发现无论是技术理论、算力资源还是数据资源，都主要集中在科技企业手中。它们既在技术理论上突破创新，又处于商业化应用的最前沿，从而保证科技企业在这一轮创新浪潮中，要比高校、研究机构以更快的速度推进人工智能的研究和应用。

一方面，科技企业和高校、科研机构相比，在算法能力、算力资源、数据资源方面更有优势。仅从国内发布大模型的机构上来看，发布模型的企业数量也远超高校和科研机构。

另一方面，ChatGPT 作为目前最快月活数突破 1 亿的产品，先发优势让 OpenAI 获得大量用户问答数据集，形成较强的“飞轮效应”。这种科技发展范式的转化还只是刚刚开始，从长远看，它将比大模型技术本身对人类科技发展史的影响更深远。

技术范式的变化

从科技范式的变化，我们再聚焦到技术范式，看看未来会有哪些变化。

在研发范式方面：大模型对编程工作的影响较大，程序员的代码编写工作并不会被取代，但是流程将会有新的改变。从程序员直接编写代码到人工智能生成代码，尤其是初级程序员的工作有望被人工智能所替代，这将带来一系列软件开发工具链和技能的革新。

在交互范式方面：每一次交互方式的变化都会带来更低的交互门槛和更高的交互效率。Photoshop 的功能强大、表现力好，但是使用门槛高；美图秀秀的门槛低，但是表现力受限。大模型通过自然语言有望实现门槛降低的同时表现力得到有效保留。从目前的图形交互界面向自然语言交互界面转变，这其中自然语言有望推动不同应用和服务之间的无缝衔接，传统应用之间的壁垒有望瓦解。例如，在 2024 年 MWC 展览上发布的一款智能手机 T-Phone，内部没有装载任何一款 App。用户的所有问题都是通过一个对话框来提出需求，之后人工智能生成界面，来满足用户需要。

在交付范式方面：鉴于自然语言编程的易上手特性，未来软件将赋能用户运用大型模型，在现有软件基础上自行实现灵活拓展的“可塑软件”。用户可从调用 API（Application Programming Interface）至定制 GUI（Graphical User Interface），灵活定制功能、界面与服务，达到“千人千面”的效果。此类软件将从标准固态软件逐渐演变为用户共同创造的“可塑软件”。例如前面提到的 T-phone，当用户向它询问：端午节我该怎么准备一顿晚餐？T-phone 会根据你的需求推荐系列产品和活动，比如粽子、绿豆糕、咸鸭蛋，看龙舟比赛和做香囊。如果用户感兴趣，AI 助手可以继续生成文字、音视频内容，用户选中感兴趣的产品之后，就会添加到第三方的电商平台购物车里。

在大数据模型问世之前，尚无一种产品能够让企业与每位用户实现场景化、个性化且充满人情味的沟通，而今这一目标已然变得可行。

当新的事件、新的事物出现后，便会催生新的思想革命，一个新的时代也会应运而生。我们已经步入人工智能时代的大门，人工智能技术正在如火如荼地发展，但是这里面有积极也有消极的作用，而且我们还无法清晰地预判它的发展路径和全部影响。因此，在人工智能带来变革的同时，我们也要认真审视和考量。

四、通用 AI 的等级如何划分

ChatGPT 的出现，让我们开始思考，到底什么是通用人工智能，或者说如何给通用人工智能进行等级划分呢？就像自动驾驶技术会按照不同等级划分一样，对于通用人工智能来讲，我们也可以对其进行量化和分级（见表 1–3）。

表 1–3　人工智能能力等级划分表

等级	名称	通用性与表现力	案例
Level 1	涌现（Emerging）	· 在某些任务上的表现等于或者略优于不熟练的人类 · 可以执行一些基本任务，但在大多数任务上不如熟练的人类	ChatGPT、Bard、LLaMa2
Level 2	有能力（Competent）	· 在某些任务上可能具有专家、大师甚至超越人类的表现 · 可以达到 50% 的熟练人类的水平，可以执行多种任务	尚没有通用人工智能能达到
Level 3	专家（Expert）	· 在某些任务上具有大师甚至超人的表现 · 可以达到 90% 及以上熟练人类的水平，可以执行多种任务	DALLE-3、MIdjourney 在文生图领域的表现，但是尚没有达到通用人工智能
Level 4	大师（Virtuoso）	· 在某些任务上可能具有超人类的表现 · 可以达到 99% 以上熟练人类的水平，可以执行多种任务	深蓝在国际象棋领域、AlphaGo 在围棋领域，但是尚没有达到通用人工智能
Level 5	超人类（Superhuman）	· 所有任务均超过人类的表现 · 可以 100% 超过人类的表现，完成人们无法完成的任务	AlphaFold 蛋白结构预测的表现、但是尚没有达到通用人工智能

谷歌公司在论文《通向通用人工智能的里程碑：评估进展的新框架》（*Levels of AGI: Operationalizing Progress on the Path to AGI*）衡量通用人工智能的六个原则如下：

（1）通用性和表现力： 衡量一个通用人工智能需要同时关注其通用性和表现力两个维度。其中，通用性是指能够处理任务的广度和多样性；表现性是指在这些任务上达到的水平。对于通用人工智能来说，通用性和表现力的意义不言而喻，如果一个人工智能系统的表现很惊艳，但是仅仅在个别领域能够发挥作用，那么就很难称之为通用人工智能；同样道理，如果一个人工智能系统的通用性很强，但是在各种任务中表现很差，很难按质量完成工作，那么这样的人工智能系统也不足以达到通用人工智能的标准。因此，通用性和表现力需要同时达标。

（2）关注能力而非机制： 衡量一个通用人工智能应该关注的是人工智能系统的能力，而不是实现这些能力的具体路径。例如，我们不应该要求通用人工智能必须按照类似人脑的学习机制来实现其能力，实现人工智能的路径应该是多样的，这样就可以避免因为假设了不必要的实现条件，从而导致过早限制通用人工智能的定义，以及给更多思路和方法提供尝试的机会。关于这一点，评估的重点应该聚焦在通用人工智能可以完成的任务类型和效果上。

（3）元认知能力： 谷歌认为通用人工智能应该更多地关注非物理世界的认知任务，而不是要求必须具备机器人所具有的物理能力。元认知能力，比如学习新技能的能力，也被认为是通用人工智能的关键所在。之所以会有这样的观点是因为目前在非物理领域，如语言、视觉、推理等方面，人工智能系统取得的进展明显领先于具有实际操作能力的机器人。因此，未来一段时间可以更加关注人工智能表现已经比较拔尖的认知能力上。

（4）关注潜力而非部署：评估人员不应该把一个人工智能系统是否被大规模部署作为判断的关键。只要一个人工智能系统在可控的环境中，通过标准测试完成了某系列任务，就可以认定其具备了通用人工智能的水平。之所以不将实际部署列为参考方向，主要是因为实际部署的过程中除了技术障碍，还有法律监管、社会接受度等多个维度需要考虑。这些维度有太多非技术因素。

（5）贴近真实生态：衡量通用人工智能的任务应考虑生态效应，也就是说与人类在现实生活中重视的任务尽可能接近，应减少关注那些方便量化但是与实际工作生活严重脱节的任务。当前很多人工智能基准测试过于简化，脱离现实场景，很难真正评估一个人工智能系统是具有否可以在复杂的环境下协助人类的能力。因此，我们需要设计更加贴近真实世界的生态，从而得到对通用人工智能实际能力的准确评估。

（6）关注路径而非目标：通用人工智能是一个持续发展的过程，而不是一个固定的目标，需要设定通用人工智能发展路径上的多个阶段。这种层次化和渐进式的方法，有助于我们理解和把控通用人工智能的进展，从而对不同阶段的人工智能采取对应的风险应对措施。如果只是一味地追求通用人工智能，就很容易忽视进展过程中可能出现的问题。循序渐进的多阶段方式，会帮助我们在每一步实现的过程中审慎地评估机遇和风险，促进人工智能健康发展。

按照以上标准，我们发现当前的大模型在通用人工智能的发展路径上，还有很长的路要走。同时，还需要解决以下问题：

（1）缺乏通用性和灵活性：当前的 AI 只能在特定领域和任务中展现智能，无法像人类那样在各种情况下灵活思考和行动。它还不能跨领域学习，也不能与人类或其他 AI 进行自然有效的交流与协作，更无法感知和表达情感与价值观。

（2）**可解释性和信赖性问题：**当前的人工智能技术往往像一个难以理解的黑盒子，其输出和行为难以被清晰解读和评估，逻辑和动机不透明，真实与虚假难以区分，反馈和评价不及时且效果不佳，交流和协商缺乏平等互动。

（3）**权利与责任缺失问题：**对于当前的 AI 尚未有完善的法律和道德框架来确保其行为的合法性和道德性。AI 的权利、责任尚未明确一致，待遇和保障不完善，惩罚和赔偿机制不清晰，界限和平衡尚未得到合理协调。

对通用人工智能做等级划分，是为了更好地把握新机遇、新趋势，从而有机会成为变革时代的行动指南。

AI 大模型总结

1. 人工智能时代的来临与 Alpha 世代：我们正处在一个由人工智能技术推动的新纪元，这一技术将成为未来一代人——Alpha 世代——生活中不可或缺的一部分。他们将利用 AI 进行决策支持和日常生活的引导，这标志着人类与技术的融合进入了一个全新的阶段。AI 的潜力在于其增强人类智能的能力，它不仅是一种工具，更是一种能够定义未来生活方式的存在。
2. 大模型技术的体系化与智能化：大模型技术，尤其是预训练大语言模型，通过整合信息系统、模型系统和行动系统，实现了从数据获取到知识表达再到目标实现的全过程。这种技术的发展代表了从单纯的信息处理向深度学习和智能决策的转变，使得 AI 能够在多个领域内展现出接近甚至超越人类专家的能力。
3. 通用人工智能的初级阶段与跨领域能力：随着 ChatGPT 等产品的出现，我们见证了通用人工智能的初级阶段。这些 AI 系统能够处理和理解多种类型的信息，执行跨领域的任务，这是向真正的通用人工智能迈进的关键一步。它们不仅能够处理单一数据类型的任务，还能够在不同数据类型之间建立联系，实现综合、全面的理解。
4. 人工智能的快速发展与创新实践：人工智能技术的发展速度和应用范围已经超出了许多专家的预测。在音视频、3D 领域，AI 的应用落地速度远超预期，这表明 AI 的创新不仅仅是理论上的突破，更是在实际应用中的快速实现。这种基于实践的创新推动了 AI 技术的迭代更新，形成了新的智能模式，并促进了更强大的智能系统的出现。
5. 通用人工智能的评估框架与未来发展：为了更好地理解和把握 AI 的发展趋势，通用人工智能的等级划分和评估原则提供了一个重要的框架。这些原则强调了通用性和表现力的重要性，提倡关注 AI 的能力而非实现机制，强调元认知能力，以及在评估中贴近真实生态和关注发展路径。这些评估标准不仅帮助我们识别当前 AI 的能力和局限，也为 AI 的未来发展指明了方向，尤其是在提高 AI 的通用性、可解释性、信赖性以及明确权利与责任方面。随着这些挑战的逐步解决，我们有望迎来一个更加智能、更加可靠的 AI 时代。

第二章 DeepSeek：人工智能的新篇章

2025年农历新年，DeepSeek成为全球关注热点。如果说过去两年，人工智能领域一直是以OpenAI为代表的科技企业在引领全球发展，那么DeepSeek的出现让我们发现大模型的实践路径还有很多可能，其低成本推理模型证明了人工智能可以属于每个人，而不仅仅是那些囤积代码、芯片和资本的人。当然，并非说DeepSeek已经获得了通用人工智能的“船票”，未来可能会有更多“DeepSeek”出现。因此，在人工智能热潮中，只有理性和冷静地把握技术方向，带着好奇心，用长期的眼光追寻重要问题的解答，坚守战略目标的企业才能保持雄心和信心，行稳致远。

一、关于创始人梁文锋

“小镇做题家”的传奇经历

DeepSeek 的创始人是一个名副其实的学霸，家乡在广东湛江。实际上，在 DeepSeek 火爆的前几天，梁文锋就作为专家代表参加了国务院的会议，现场向总理就人工智能的发展进行汇报，这一消息在《新闻联播》播出，《新闻联播》还给这位 1985 年出生的年轻创业者一个特写镜头。

梁文锋的父母为小学教师，梁文峰从小成绩优异，1996 年，他从梅菉小学直升吴川市第一中学，在数学方面表现出极大天赋，初中已经开始学习大学的数学课程。2002 年，他以全校第一成绩被浙江大学电子信息工程专业录取，2007 年，开始攻读浙江大学信息与通信工程专业硕士，主攻机器视觉研究。2007—2008 年全球金融危机期间，梁文锋与同学组建了一个团队，探索如何通过机器学习进行量化交易，并在 2015 年成立一家量化投资公司——杭州幻方科技有限公司。公司 2021 年资产管理规模突破千亿元，成为国内量化私募的“四大天王”之一。也就是在同一年，梁文锋开始寻找“副业”，找供应商购买了英伟达数千张 GPU，准备在人工智能领域发力。

一个学电子信息的创业者，在金融领域开始了他的 AI 大模型的创新之旅。历史和选择，就是这么充满不确定性和偶然性。

DeepSeek 快速出圈

2022 年年底，ChatGPT 的出现让 AI 大模型快速进入全球视野，梁文锋也不例外，他在 2023 年开始布局 AI 大模型，启动研发 DeepSeek。起初，DeepSeek 研发队伍并不庞大，维持在 140 人左右，团队成员绝大多数都是国内知名高校毕业的学生，海外留学生很少。

从时间线上来看，DeepSeek 首次进入 AI 领域和大众视野，是 2024 年 1 月 DeepSeek-V2 模型的发布，这款模型最大的亮点是成本大幅下降，让 AI 大模型的门槛快速降低，尤其是推理成本下降到每百万 token 仅需 1 元，相当于当时 OpenAIGPT-3.5 Turbo 成本的 1/70。

过去在 AI 大模型领域，大家比拼的是谁能买到英伟达的高端 GPU 芯片，现在则是谁能把芯片用得更好，把潜力发挥到极致，也可以取得相同的成果。

2025 年 1 月 20 日，DeepSeek 发布了 DeepSeek-R1 推理模型，根据公布的测试数据，该模型在数学、代码编写、自然语言推理等方面，与 OpenAI 公司的 Openo 1 模型不相上下。更重要的是，DeepSeek 对这个版本的模型进行了开源，包括模型权重、训练技术等，以此来促进 AI 大模型技术的创新与协作。

开源仅过一周，DeepSeek 就已经登顶中国和美国的应用商店，超过 ChatGPT 成为最受欢迎的 AI 应用。《黑神话：悟空》的负责人冯骥称其为“国运级别的科技成果”。有人调侃梁文锋的 DeepSeek 是用炒股赚的钱来支持研发，和当年任正非卖减肥药来养华为有异曲同工之妙，都是在现实和理想之间走出了一条新路。

简单总结一下 DeepSeek 的策略，主要集中在以下三个方面：

第一是聚焦语言推理，DeepSeek 没有在多模态上分散注意力，而是在 AI 逻辑推理方面进行聚焦；第二是高效利用算力，GPU 很重要，科技公司都在不断囤积 GPU，DeepSeek 则是更加关注算法，通过算法和优化策略来弥补算力和 GPU 的不足；第三是追求精准回答，减少大模型产生的幻觉，人工智能更像是一个“会推理的学霸”，而不是一个胡言乱语的段子手，让 AI 的回答结果更像人类的思维方式。

回归到技术本身，如果用一句话来形容 DeepSeek 出圈的原因，那就是：DeepSeek 通过对基础设施搭建、硬件优化、模型算法创新，把 AI 大模型这件事情按照自己的理解重新做了一遍，并且取得了成功。

二、DeepSeek 为什么引起大众关注

一切要从 DeepSeek V2 模型破圈说起。

2024 年年初，DeepSeek 发布了 V2 模型。在这个模型里，DeepSeek 实现了两个突破，分别是 DeepSeekMoE 和 DeepSeekMLA。我们展开来分析一下：

MoE 构建的术业有专攻

首先是 MoE。这里面 MoE 是“Mixture of Experts”的缩写，也就是混合专家模型。MoE 作为深度学习架构的理念，实际上是由多个专家子模型组成的。比如现在需要 AI 大模型开展图像识别任务，MoE 架构就是包含了很多不同类别专家的子模型，有人脸识别专家、车辆识别专家、植物识别专家、动物识别专家等，真正实现“专业的人干专业的事儿”。

为什么要引入 MoE 呢？这主要是因为 OpenAI 推出 ChatGPT-3.5 等模型时，在训练或者推理的过程中，整个模型都会被激活，但对用户提出的问题或者要求，激活整个模型的意义并不大，而且模型被激活的很多部分并非必要。就如同用户要买一瓶洗发水，没有必要把超市所有商品都展示给用户，只需把洗发、护发的产品进行展示就可以了。

类似地，MoE 就是把大模型拆解成多个专家，针对特定问题来激发必要的专家即可。正如一句俗语“三个臭皮匠，顶个诸葛亮”。

有了对 MoE 的理解，我们再来看看 DeepSeekMoE 做了哪些创新。

实际上，DeepSeekMoE 在 V2 模型里，主要实现细粒度设计和共享专家

策略。一般 MoE 模型每层可能有几个或者几十个专家，同时 DeepSeekMoE 框架的每个 MoE 层由一个共享专家和 256 个路由专家组成。共享专家数量在每个 MoE 层通常只包含一个，始终处于激活状态，负责捕获和整合不同上下文中的共同知识，减少知识冗余，提高参数效率，并允许独立路由专家专注于更专业领域的知识。整个策略可以看作粗细搭配，把不同类型的专家价值发挥到极致，从而实现更高效的模型架构。

客观讲，这种方式也是一种不得已的选择，由于缺乏足够多的高性能 GPU，因此 DeepSeek 才把精力放在对现有模型设计进行大量精细化的工程调优，在不断克服困难的过程中逐步实现如此细颗粒度的架构，使得模型效率和性能达到了拥有高性能 GPU 同等能力的模型效果。同时，需要指出的是，MoE 这一技术虽然有很大的优势，但同时也有不少缺点：首先就是复杂度高，需要复杂的路由机制和专门的硬件支持，而且还要提供专门的算力资源来支持这一模式，因此这条路径是否适合所有大模型企业的研发思路，还应根据各自实际需求来客观评估。

但是，不能否认 DeepSeek 的成功，尤其是通过这种方式实现了 AI 大模型效率的提升。

这条道路是走通了。

DeepSeekMLA 把有限的资源发挥到极致

DeepSeekMLA 也是一个较大的突破。MLA 是 Multi-Head Latent Attention 的缩写，指的是多头潜在注意力。

比如你现在正在看一本悬疑小说，单一注意力就是如同拥有一双眼睛，并且只关注一个方面，例如小说里的故事情节。而多头注意力就如同拥有多双眼睛，每双眼睛专注的方面也不同：一双眼睛关注情节发展，另一双眼睛注重人物性格，还有一双眼睛分析文字风格等，最终把这些不同眼睛关注的问题进行综合，形成对小说更加全面的理解。

正是因为有了多头潜在注意力这一机制，DeepSeekMLA 能够同时捕捉不同的特征，这样一来，模型的表示空间得到了扩展，提升了学习复杂特征的能力。多头注意力还可以并行计算，以提高处理速度，同时减少过拟合的风险，从而增强模型的泛化能力。

在另一个方面，多头潜在注意力机制也发挥了巨大作用：在 AI 大模型推理过程中，经常会遇到内存占用量的问题，也就是说会占用大量内存。占用内存，不仅包括将模型加载到内存中，还包括加载整个上下文窗口。为此，DeepSeekMLA 通过压缩键值存储量，来大大降级推理期间的内存占用量。这项创新让 DeepSeek 在大语言模型领域获得了显著优势，吸引了包括 OpenAI 在内的全球 AI 科技企业的关注。

与此同时，为了更大限度地发掘 GPU 的内存潜力，DeepSeek 专门对每张英伟达 H800 GPU 上的 20 个处理单元进行编程，用于管理跨芯片通信。想要达到极致的效果，在英伟达的 CUDA（Compute Unified Device Architecture）层面已经难以做到，必须下探到 PTX[①]（Parallel Thread Execution）层面，也就是英伟达 GPU 的低级指令集，相当于汇编语言，来把 H800 GPU 的价值发挥到极致。

过去，业内一直认为训练大模型必须有高性能的英伟达 GPU，利用高

① PTX 是英伟达为其 CUDA 架构开发的一种中间表示语言。它是一种类似于汇编的指令集架构，用于在英伟达 GPU 上进行并行计算编程。PTX 代码可以在英伟达 GPU 的不同硬件代际上运行，具有一定的硬件独立性，英伟达的编译器会将 PTX 代码进一步编译成特定 GPU 硬件的机器码。

性能芯片之间更大的内存来实现模型训练和研发。但是 DeepSeek 在芯片限制的大背景下，通过模型结构和基础设施的优化，顺利克服了难以获得高性能芯片的困境，即使没有英伟达较高端的 H100 芯片，也可以在次一级的 H800 芯片上实现突破。

聪明地使用资源，比拥有更多资源更重要。

当然，说了这么多 DeepSeek 的优势和创新，并不是说 DeepSeek 已经如一些媒体所言“吊打”美国等科技巨头。实际上，DeepSeek 等 AI 创业公司，目前仅仅是发布了 DeepSeek-V3 和 DeepSeek R1 模型，本质上还是按照已有的技术发展路径在跟随，还没有足够的能力对 OpenAI、谷歌等 AI 公司发起全面挑战。更何况 DeepSeek 花费大量精力优化的 GPU 芯片本身，还是来自英伟达的产品。DeepSeek 是 AI 技术迭代的受益者，但这并不代表它在技术上具备了超越 OpenAI 等领先企业的实力。

因此，保持清醒的头脑，在资金、技术、人才等方面继续积累和努力才是当前需要做的事情。

三、DeepSeek 大模型，你应该了解的几个关键点

科技公司对“蒸馏”的爱恨情仇

蒸馏（Distillation）是一种从模型中提取理解成果的方法，业内普遍认为 AI 领域的知识蒸馏技术是由杰弗里·辛顿（Geoffrey Hinton）、奥里奥尔·维尼亚尔斯（Oriol Vinyals）和杰夫·狄恩（ Jeff Dean）在 2015 年提出的。他们在论文《在神经网络中提取知识》（*Distilling the Knowledge in a Neural Network*）中提出了知识蒸馏的概念。简单讲，蒸馏就是通过将一个复杂的教师模型的知识迁移到一个简单的学生模型中，使学生模型能够在保持较高性能的同时，具有更小的模型规模和更快的推理速度，为解决深度学习模型部署和效率等问题提供了一种有效的方法。

也就是说，学生虽然没有老师的知识渊博，但是通过向老师学习，也能够在考试中取得不错的成绩。回到 AI 大模型领域，所有 AI 大模型都需要从互联网获得语料训练，而领先的大模型也在不断为互联网贡献语料，从这个角度来说，每个领先的大模型都摆脱不了被采集、被蒸馏的宿命。最终大家都是你中有我，我中有你，迭代前进。

例如，我们可以向 GPT-4 进行提问，并记录模型输出的结果，再用这些数据的结果训练一个新的模型。GPT-4 Turbo 就是用这样的方式脱胎于原版 GPT-4。看起来，这个过程有“偷师”的影子，为此很多 AI 大模型企业都会通过封禁 IP、限制访问速率等方式，禁止其他竞争对手对其新发布的

模型进行蒸馏。

需要指出的是，蒸馏本身只是一种技术方法，它没有对错之分。技术创新的过程中，一方面是辛辛苦苦创新出来的成果，对其进行保护理所应当。另一方面，技术需要平权，用户使用需要降低门槛，产业需要加快布局，这些又需要技术尽快普及。两者在蒸馏这种方法面前都有其合理性。

对于科技企业来讲，蒸馏也是有积极的意义，很多大模型企业就是通过蒸馏的方式为普通用户提供面向消费者级别的推理模型，例如 OpenAI、Anthropic 等公司，通过蒸馏技术提供了简化版的高性能模型。另外，针对手机终端等设备的计算资源有限，对大模型进行蒸馏后得到的小模型更适合在手机终端上运行。从能耗的角度来看，小模型的运行就像节能灯，消耗的电量相比大模型要小很多。在数据中心里，大量服务器运行着各种模型，如果都是万亿参数的大模型，那么电力成本将是一个巨大的开支项目。通过蒸馏技术研发的小模型不仅可以降低能耗，还能降低企业的运营成本，在一些具体场景中，降低能耗是延长设备工作时间和提升使用效率的重要方式。

强化学习带来的“顿悟”

关于人工智能，有一个里程碑式的产品，想必大家都知道，那就是 AlphaGo，当年打败了人类围棋冠军。

DeepMind 作为开发 AlphaGo 的公司，在此之后还开发了 AlphaGo Zero，这款人工智能产品没有学习围棋的棋谱，研发人员仅仅对这个模型输入了围棋规则，并以赢得比赛作为奖励函数之后，就放手让模型自己解决下棋过程中遇到的所有问题。最终 AlphaGo Zero 取得了惊人的效果，在非常短的时间内超越了击败李世石的 AlphaGo，获得了成功。这里 AlphaGo Zero 使用的方法就是强化学习（Reinforcement Learning, RL）。关于强化学习，我们可以举一个更加形象的例子：一个天才儿童，在没有任何指导和范例的情况下，通过不断尝试和获得反馈，最终学会解决复杂的问题。

这种方法，比其他强调人为介入的方法更加有效，能否应用到 AI 大模型领域呢？

到目前为止，AI 大模型主要是依赖“人类反馈强化学习技术”（Reinforcement Learning from Human Feedback，RLHF），需要人类参与并指导模型输出的内容，类似与 AI 大模型的交流，告诉大模型哪些内容输出是好的，哪些是不行的。RLHF 也是 ChatGPT 成功的关键。

但是，DeepSeek-R1 放弃了 RLHF 这一方法，直接用强化学习来进行实践，类似于前面提到的 AlphaGo Zero。

具体来看，DeepSeek 给模型提供了一组数学、编码和逻辑问题，并设置了两个奖励函数（一个用于奖励正确答案，另一个用于奖励思考过程中的正确格式）（见图 2-1）。剩下的就全靠模型自己的摸索，DeepSeek 并不会逐步评估或者进行过程监督，也不会搜索所有潜在的答案，而是鼓励模型一次尝试多个不同答案，然后根据两个奖励函数对其进行评分。

图 2-1　DeepSeek-R1 模型思考反馈

再直白一点，我们不需要教 AI 如何推理，只需要提供充足的计算和数据资源，它自己就能掌握。AI 也不需要遵循人类的生理极限，人类要吃饭睡觉，但是训练一年的 AI 所见过的棋局、游戏，往往比一个职业棋手、职业电竞玩家一辈子见过的都多。基于强化学习，可以真正让 AI 学会认识世界、了解实物规律，而不再是一味地迎合人们的口味。

就是这么简单的规则，让 AI 在自我探索中逐渐掌握了深刻的推理能力。这打破了传统认知：AI 不需要人类手把手地教，给它正确的环境和动力，它也能自主发展出解决问题的能力。

DeepSeek 的研发人员甚至用了“顿悟时刻”这一词来形容这次突破。

站在“开源”的肩膀上

开源文化既是策略，又是理想。从长远发展看，开源是通过开放汇聚各方资源的最佳途径。DeepSeek 的创始人梁文锋自己曾经多次指出，DeepSeek 的成功，很大程度上是站在开源社区的肩膀上，通过不断努力来实现国产大模型技术的进步。扎克伯格直言不讳地表示，DeepSeek 的崛起恰恰验证了开源路线的正确性。通过开源为生态伙伴提供低成本模型训练条件和应用开发环境，降低更多企业的研发成本，让更多人以低成本用上大模型。这既是一种利他主义行为，更是支持企业长期可持续发展的保障。

与此同时，在过去不到两年的时间里，DeepSeek 陆续发表了多篇重量级论文，把 DeepSeek 对大模型创新的思考和方法贡献出来，让更多人参与到这项伟大的事业中来。其中有三篇论文值得关注：

一是《DeepSeek-LLM：以长期主义扩展开源语言模型》，发表于 2024 年 1 月，这篇论文主要是从长期主义的视角，来分析开源大模型发展的整体策略，从而推动技术平民化。同时，在这篇文章里也提出了社区驱动的开源治理架构和多任务优化的方法。

二是《DeepSeek-V3：高效的混合专家模型》，发表于 2024 年 12 月。这篇文章重点介绍了 DeepSeek 如何设计一款高效的混合专家模型，通过激活少量参数实现模型性能和计算成本之间的平衡，可以说是本次 DeepSeek 破圈的一个重要技术原因。

三是《DeepSeek-R1：通过强化学习提升大型语言模型的推理能力》，发表于 2025 年 1 月，这篇论文提出了使用强化学习而非监督学习的方法，有效提升大语言模型在数学、逻辑推理任务中的表现，从而实现新的突破。

关于这三篇重点论文的内容，我梳理了其中的核心要点，详见表 2-1。

表 2-1　三篇重点论文主要成果

序号	论文名称	发布时间	取得成果
1	《DeepSeek-LLM：以长期主义扩展开源语言模型》	2024 年 1 月	1. 探索模型规模和数据分配的最优策略，并开发了性能超越 LLaMA-2 70B 的开源模型 2. 提出了更精确的模型规模与数据分配策略，在多个领域的任务中实现性能领先，尤其在数学、代码和中文任务上表现出色。未来将继续优化高质量数据的利用，并探索更广泛的安全性和对齐技术
2	《DeepSeek-V3：高效的混合专家模型》	2024 年 12 月	1. DeepSeek-V3，一个拥有 6710 亿个参数的混合专家（MoE）模型，每个 token 激活 370 亿个参数。DeepSeek-V3 采用高效推理和经济成本的训练方法，旨在推动开源模型能力的极限，同时在性能上与闭源模型（如 GPT-4o 和 Claude-3.5）竞争 2. 显著降低了运行成本，为大模型的实际应用提供了新的思路
3	《DeepSeek-R1：通过强化学习提升大型语言模型的推理能力》	2025 年 1 月	1. 专注于通过纯强化学习方法（而非传统的监督学习）来提升大型语言模型的推理能力。研究展示了 DeepSeek-R1-Zero 和 DeepSeek-R1 两种新型模型，通过大规模强化学习（RL）方法提升推理能力，旨在减少对监督数据的依赖，探索纯强化学习对推理能力的优化潜力 2. 在训练过程中通过强化学习表现出的“顿悟”现象，显著提升了模型在数学和逻辑推理任务中的性能

在这一篇篇文章背后，是大量年轻的科研人员的创新，而且是原创性的工作，比如前面已经陆续提到的 MLA、DeepSeekMoE、R1-Zero 等，范围之广、密度之大，非常震撼。从学术的角度来看，这些创新单独拿出来都可以在顶级的学术论坛上发表，并且是最佳论文的水准。

这里的年轻科研人员，他们是优秀的工程师，更是通过创新找到了新的行业解决方案，实现了规模化的发展模式。这里面现成经验固然重要，但是基础能力、创造性、热爱可能更关键。毕竟在人才基数方面，我国是有足够优势的。

从产业发展周期来看，一旦开源追上甚至超越闭源软件的时候，会引导产业向开源转向，并加速 AI 行业的发展。类似地，我们回忆一下 iOS 和 Android 的发展历程就会发现：iOS 定义了智能手机，但是让智能手机真正繁荣并在全球快速普及的则是 Android。现在来看 Android 的诞生和发展，对于智能手机来讲并非灾难，而是弥足珍贵的巨大战略窗口期。DeepSeek 通过模型低成本推理和开发，对整个科技行业来讲是一件好事情，尤其是通过开源的方式又把整个成果反哺给所有人，能够大大降低数据中心和 GPU 层面的支出。进一步地，由于大模型推理成本的降低，使用的用户和使用门槛也会快速下降，最终带来的是 AI 大模型产业的爆发和普及。

就像硅谷著名风投家马克·安德森（Marc Andreessen）评价 DeepSeek-R1：“作为开源项目，这是对世界的一份深远馈赠（As open source, a profound gift to the world）。”

引发如此大的反响，究竟是为何

目前 DeepSeek 尚未开始进行商业化应用，重点主要集中在 AI 技术研发。

在传统的认知中，国内技术公司的科技创新主要是通过应用来实现变现和商业闭环。这一趋势没有问题，但并不是唯一的出路，这一浪潮中还有一种可能就是走到技术的前沿，推动整个生态的发展。

如果从整个科技创新历史长河来看，DeepSeek 的创新可能微不足道，但是从国内技术创新的角度来看，DeepSeek 对应用创新商业化和科技创新贡献者都很重要。在习惯了跟随之后，我们也是有能力和机会进行原创，并逐步获得技术创新的话语权。尤其是在全球科技强国和巨头都在纷纷打造自己的闭源生态和护城河时，我们更需要从技术沉淀和原创性的角度，尝试技术创新。

正因为如此，我们这两年固有认知力，OpenAI 主导大模型定价权、英伟达主导算力定价权的模式，正在被 DeepSeek 的出现逐步分散和瓦解。DeepSeek 使得更多参与者可以进入 AI 大模型市场，最终应用和用户将成为整个产业链的最大受益者。

在较弱的硬件和较低的内存带宽之下，深度优化可以产生显著效果。换言之，纯粹砸钱采购英伟达顶尖硬件并不是开发高质量大模型的唯一方法。这个受益者不仅是中国用户，包括美国的企业和用户也是受益者。2025 年农历春节期间，在全球超过 140 个国家和地区的应用商店里，DeepSeek 下载量均高居榜首，上线不足一个月日活用户就达到了 3000 万，全球用户增长速度是当初 ChatGPT 的 13 倍。2025 年 2 月初，腾讯云、华为云、阿里云都已经在第一时间部署 DeepSeek 的模型，让更多人可以快速使用这款优秀的大模型。海外的 Azure 和亚马逊 AWS 等云企业纷纷第一时间上线了 DeepSeek-R1 模型服务。AMD 更是迅速为 DeepSeek 站台，直接把 DeepSeek 模型集成到了 AMD InstinctGPU 上。

DeepSeek 的出现，正在推动整个行业从技术消费者向技术创造者进化。

因此，与其说 DeepSeek 在技术成就上取得了巨大突破，不如说 DeepSeek 打破了人们对我国技术落后根深蒂固的刻板印象。

AI 应用生态值得期待

对于整个 AI 产业来讲，2024 年下半年以来大家都陷入了一种焦虑状态：那就是 AI 大模型叫好不叫座，如何才能出现国民级的应用？

DeepSeek 的出现，让更多人看到低开发成本和消费成本模型的巨大可能，有望带来 AI 应用的爆发，这也是所有从业者期待的一刻。尤其是当 AI 大模型的部署和算力消耗降低到一定门槛之后，会推动更多企业入场。消费者的应用也将呈现指数级增长，催生 AI 生态链全面繁荣。

因此，这一过程对算力的需求不会减少，反而会不断增加。正如 19 世纪英国经济学家杰文斯发现的一个现象：当蒸汽机的效率大幅提升后，煤炭的消耗量并未减少，反而大幅增加。这一现象被称为“杰文斯悖论”（Jevons Paradox）。其背后的逻辑是：虽然单台蒸汽机的煤炭消耗量减少了，但由于蒸汽机变得更加经济高效，人们开始在更多领域广泛使用蒸汽机，从而导致蒸汽机的总数大幅增加，最终使得煤炭的总消耗量不降反升。同理，AI 大模型的成本大幅度降低，将推动 AI 应用的广泛普及。例如，用户计划前往南非旅游，AI 可以像私人助理一样，从行程规划到酒店预订，再到机票购买，全程提供服务。这一过程的计算成本可能是简单问答的万倍以上。如果每次服务的费用需要 5000 元人民币，那么用户选择这种 AI 服务的可能性并不大，但是如果费用下降到 100 元呢？用户可能会毫不犹豫地使用。也就是说，AI 大模型成本的降低，将是 AI 应用场景扩展的催化剂。

目前，国内企业也在紧紧抓住这次机会，一方面，让国内科技企业研发的 AI 模型标准成为全球第二选择；另一方面，让国产芯片、国产模型与国产算力基础设施形成国产 AI 生态的闭环。

2025 年春节期间，硅基流动基于华为云昇腾，推出了完整的 DeepSeek-R1 & V3 推理服务，缓解了 DeepSeek 官方服务器的压力，避免频繁掉线的问题，更满足了企业级业务的商用部署需求。Gitee AI 平台则联合沐曦曦云 GPU 上线了 4 个 DeepSeek-R1 蒸馏模型。借助这一波全球关注度，让资金流动起来，提升市场占有率，推动新品研发，缩短与世界先进水平的差距，进一步提升利润率。

在这一节的最后，如果做一个小小的总结，那就是 DeepSeek 发起的其实是一场“效率革命”。把 AI 大模型的发展从技术理想主义，向工程现实主义转变。它在不断告诉人们，在现有硬件和物理条件约束下，通过工程能力创新，是可以让 AI 在竞争中脱颖而出的。同时，科技创新永无止境，与其闭门造车获得一时的领先，不如通过开源的方式实现资源和创新的普及，让整个行业受益。

四、DeepSeek 应用实践

如何更加高效地向 DeepSeek 提问呢?

有人说，有了 DeepSeek 之后，就不需要提示词技巧了，想到什么就问什么。

事实上，虽然 DeepSeek 等大模型越来越“懂你”，但是提示词依然很重要，只不过我们不需要过于复杂的提示词了，而是要用更简单、更高级的提示词来完成我们的任务。

尤其是对于 DeepSeek 这类有较强推理能力的大模型来讲，人们问出的问题就是它思考的开始。就如同我们身边一个聪明的小助理，你只要说明自己的目的，他就可以自己思考怎么做。

那么，该如何让大模型更好地思考呢?

OCASTR 法则

OCASTR 法则拆解开来，就是目标（Objective）、上下文（Context）、受众（Audience）、风格（Style）、语调（Tone）、响应（Response）的首字母缩写。这个法则是指，我们可以在跟 AI 大模型不断交流的过程中，逐步把我们想要问的问题梳理清楚（见表 2-2）。

表 2-2　OCASTR 法则

序号	名称	含义
1	目标	通过提问，你想实现什么

续表

序号	名称	含义
2	上下文	补充背景信息，让 AI 知道为何要做这件事情
3	受众	明确回答的对象是谁，从而决定内容的深度和角度
4	风格	语言风格，比如正式、口语、俏皮
5	语调	情感倾向，比如严肃、幽默、鼓励
6	响应	回答的格式或者结果，比如列表、对话、分步骤

首先是目标。前几天，我去北京地坛参加庙会，天气非常冷，但是人还是很多，我拍了很多照片和视频，想发一条短视频来记录这次经历，希望是轻松自然的风格。

以上这些都是比较模糊的念头，也是我们想与 AI 大模型沟通的最初的目标。

但是这个目标还是不够具体，AI 大模型会根据我们的目标，顺着我们的思路写出整个短视频的文案。但是这样的文案，没有个性和具体的场景。因为 AI 大模型并不了解你，所以它会根据一个通用的模板来完成内容输出。

因此，我们需要给大模型上下文，也就是背景情况。哪怕我们并不知道想让 AI 输出什么，但是我们一定知道不想让 AI 大模型输出什么。比如，我们不希望输出的短视频文案过于正式，不要太长，希望文案可以口语化，有幽默感和温馨的氛围。这个时候，我们就可以通过上下文来让 AI 大模型知道我们要什么、不要什么。例如，我们可以告诉 AI 大模型：我想要的文案风格是轻松自然，带一些温馨的感觉，语调要亲切，字数控制在 200 字以内。

这样一来，AI 大模型就可以更加准确地了解我们的诉求，并生成相对符合我们期望的内容。

之后，就是要关注受众了。为什么要关注受众呢？

实际上，我们发布短视频或者写文章，一方面是给我们自己看，另一方面更为重要，那就是给别人看，给受众看。因为，受众是内容的“土壤”，没有合适的土壤，再好的种子也无法健康成长，因此要把受众放在第一位。简单分类，我们可以发现年轻人作为受众，当下更关心的是“情感共鸣”；老年人作为受众，当下更关心的是“信任感”；垂直领域客户作为受众，更关心的是“是否有干货”。

明白了谁是我们的受众，接着我们就需要通过风格，把我们想表达的内容，转化为受众愿意听 & 听得懂的语言。比如，我们要给老年人推荐智能手机，过于技术化的语言是没有意义的，骁龙芯片、5G 双卡双待等，对于相当一部分老年人来讲很陌生。但是把关键词设置成老年人能够接纳和喜欢的风格：字大、声音大、操作简单、视频通话一点就通等，营销效果将大为不同。

发短视频，我们不仅仅要展现自己的生活，有时候我们也希望通过这个短视频来实现一定的目标。这个时候语调就成为实现目标的一个方式。还是刚才短视频的例子，如果发在视频号或者抖音上，更多是希望有情绪共鸣，情感表达，引发朋友们的点赞和互动；如果发在知乎上，那么内容可能是关于地坛庙会的历史背景和文化价值，这种理性的表达更容易获得认可和关注。

因此，语调的本质其实是希望找到“适配的场景”，用对方喜欢的方式来表达。

最后是响应，响应其实就是告诉观看我们内容的人，下一步要做什么。比如我们写一个推广文案，是希望用户下单购买。在跟 AI 大模型沟通的时候，我们可以在提示词的最后加一句：基于上述要求，请你帮我写一句简洁有力的行动号召语，风格要轻松幽默，不超过 30 字。

简单总结一下，OCASTR 法则是从目标出发，逐步补充背景信息，细化问题，让 AI 大模型能够更加自然地理解和回应我们的需求。当然，你也可以让 AI 大模型扮演不同的角色，来获得想要的内容。

方法如同渡河的船，只要能够到达彼岸，船本身并不重要。

DeepSeek 给出的官方提示词案例

DeepSeek 也给出了官方的提示词样例（https://api-docs.deepseek.com/zh-cn/prompt-library/），并梳理出 13 个典型类别（见表 2-3）。

表 2-3　DeepSeek 提示词典型类别

序号	类别	介绍	案例

1	代码改写	对代码进行修改，来实现纠错、注释、调优等	下面这段的代码效率很低，且没有处理边界情况。请先解释这段代码的问题与解决方法，然后进行优化：
			···
			def fib(n):
			  if n <= 2:
			    return n
			  return fib(n-1) + fib(n-2)
			···

2	代码解释	对代码进行解释，来帮助理解代码内容	请解释下面这段代码的逻辑，并说明完成了什么功能：
			···
			// weight 数组的大小 就是物品个数
			for(int i = 1; i < weight.size(); i++) { // 遍历物品
			  for(int j = 0; j <= bagweight; j++) { // 遍历背包容量
			    if (j < weight[i]) dp[i][j] = dp[i - 1][j];
			      else dp[i][j] = max(dp[i - 1][j], dp[i - 1][j - weight[i]] + value[i]);
			  }
			}
			···

3	代码生成	让模型生成一段完成特定功能的代码	请帮我用 HTML 生成一个五子棋游戏，所有代码都保存在一个 HTML 中

续表

序号	类别	介绍	案例
4	内容分类	对文本内容进行分析，并对齐进行自动归类	#### 定位 - 智能助手名称：新闻分类专家 - 主要任务：对输入的新闻文本进行自动分类，识别其所属的新闻种类。 #### 能力 - 文本分析：能够准确分析新闻文本的内容和结构。 - 分类识别：根据分析结果，将新闻文本分类到预定义的种类中。 #### 知识储备 - 新闻种类： - 政治 - 经济 - 科技 - 娱乐 - 体育 - 教育 - 健康 - 国际 - 国内 - 社会 #### 使用说明 - 输入：一段新闻文本。 - 输出：只输出新闻文本所属的种类，不需要额外解释。 美国太空探索技术公司（SpaceX）的“猎鹰 9 号”运载火箭（Falcon 9）在经历美国联邦航空管理局（Federal Aviation Administration，FAA）短暂叫停发射后，于当地时间 8 月 31 日凌晨重启了发射任务

续表

序号	类别	介绍	案例

5	结构化输出	将内容转化为JSON，来方便后续程序处理	用户将提供给你一段新闻内容，请你分析新闻内容，并提取其中的关键信息，以 JSON 的形式输出，输出的 JSON 需遵守以下的格式：
			{
			“entiry”:< 新闻实体 >,
			“time”:< 新闻时间，格式为 YYYY-mm-dd HH:MM:SS，没有请填 null>,
			“summary”:< 新闻内容总结 >
			}
			8 月 31 日，一枚“猎鹰 9 号”运载火箭于美国东部时间凌晨 3 时 43 分从美国佛罗里达州卡纳维拉尔角发射升空，将 21 颗星链卫星（Starlink）送入轨道。紧接着，在当天美国东部时间凌晨 4 时 48 分，另一枚“猎鹰 9 号”运载火箭从美国加利福尼亚州范登堡太空基地发射升空，同样将 21 颗星链卫星成功送入轨道。两次发射间隔 65 分钟，创“猎鹰 9 号”运载火箭最短发射间隔纪录。
			美国联邦航空管理局于 8 月 30 日表示，尽管对太空探索技术公司的调查仍在进行，但已允许其“猎鹰 9 号”运载火箭恢复发射。目前，双方并未透露 8 月 28 日助推器着陆失败事故的详细信息。尽管发射已恢复，但原计划进行 5 天太空活动的“北极星黎明”（Polaris Dawn）任务却被推迟。美国太空探索技术公司为该任务正在积极筹备，等待美国联邦航空管理局最终批准后尽快进行发射

6	角色扮演（自定义人设）	自定义人设，来与用户进行角色扮演	请你扮演一个刚从美国留学回国的人，说话时候会故意中文夹杂部分英文单词，显得非常 fancy，对话中总是带有很强的优越感。 美国的饮食还习惯吗?
7	角色扮演（情景续写）	提供一个场景，让模型模拟该场景下的任务对话	假设诸葛亮死后在地府遇到了刘备，请模拟两个人展开一段对话
8	散文写作	让模型根据提示词创作散文	以孤独的夜行者为题写一篇 750 字的散文，描绘一个人夜晚在城市中漫无目的行走的心情与所见所感，以及夜的寂静给予的独特感悟
9	诗歌创作	让模型根据提示词，创作诗歌	模仿李白的风格写一首七律，题为：太空

续表

序号	类别	介绍	案例
10	文案大纲生成	根据用户提供的主题，来生成文案大纲	你是一位文本大纲生成专家，擅长根据用户的需求创建一个有条理且易于扩展成完整文章的大纲，你拥有强大的主题分析能力，能准确提取关键信息和核心要点。具备丰富的文案写作知识储备，熟悉各种文体和题材的文案大纲构建方法。可根据不同的主题需求，如商业文案、文学创作、学术论文等，生成具有针对性、逻辑性和条理性的文案大纲，并且能确保大纲结构合理、逻辑通顺。该大纲应该包含以下部分： 引言：介绍主题背景，阐述撰写目的，并吸引读者兴趣。 主体部分。 第一段落：详细说明第一个关键点或论据，支持观点并引用相关数据或案例。 第二段落：深入探讨第二个重点，继续论证或展开叙述，保持内容的连贯性和深度。 第三段落：如果有必要，进一步讨论其他重要方面，或者提供不同的视角和证据。 结论：总结所有要点，重申主要观点，并给出有力的结尾陈述，可以是呼吁行动、提出展望或其他形式的收尾。 创意性标题：为文章构思一个引人注目的标题，确保它既反映了文章的核心内容又能激发读者的好奇心。 请帮我生成（中国农业情况）这篇文章的大纲
11	宣传标语生成	让模型生成贴合商品信息的宣传标语	你是一个宣传标语专家，请根据用户需求设计一个独具创意且引人注目的宣传标语，需结合该产品 / 活动的核心价值和特点，同时融入新颖的表达方式或视角。请确保标语能够激发潜在客户的兴趣，并能留下深刻印象，可以考虑采用比喻、双关或其他修辞手法来增强语言的表现力。标语应简洁明了，需要朗朗上口，易于理解和记忆，一定要押韵，不要太过书面化。只输出宣传标语，不用解释。 请生成关于“希腊酸奶”品牌的宣传标语

续表

序号	类别	介绍	案例
12	模型提示词生成	根据用户需求，帮助生成高质量提示词	你是一位大模型提示词生成专家，请根据用户的需求编写一个智能助手的提示词，来指导大模型进行内容生成，要求： 1. 以 Markdown 格式输出。 2. 贴合用户需求，描述智能助手的定位、能力、知识储备。 3. 提示词应清晰、精确、易于理解，在保持质量的同时，尽可能简洁。 4. 只输出提示词，不要输出多余解释。 请帮我生成一个“Linux 助手”的提示词
13	中英翻译专家	中英文互译，对用户输入内容进行翻译	你是一个中英文翻译专家，将用户输入的中文翻译成英文，或将用户输入的英文翻译成中文。对于非中文内容，它将提供中文翻译结果。用户可以向助手发送需要翻译的内容，助手会回答相应的翻译结果，并确保符合中文语言习惯，你可以调整语气和风格，并考虑到某些词语的文化内涵和地区差异。同时作为翻译家，需将原文翻译成具有信达雅标准的译文。“信”即忠实于原文的内容与意图；“达”意味着译文应通顺易懂，表达清晰；“雅”则追求译文的文化审美和语言的优美。目标是创作出既忠于原作精神，又符合目标语言文化和读者审美的翻译。 牛顿第一定律：任何一个物体总是保持静止状态或者匀速直线运动状态，直到有作用在它上面的外力迫使它改变这种状态为止。 如果作用在物体上的合力为零，则物体保持匀速直线运动，即物体的速度保持不变且加速度为零

以上这 13 个应用场景，基本覆盖了我们在编程、文本、创意领域使用大模型的典型实践。大家可以根据自己的需要，以这些提示词为基础，来提炼出适合自己的提示词模板。

此外，在使用 DeepSeek 的时候，我们可以让提示词更加精简。DeepSeek 作为推理模型，其核心优势在于推理能力，并基于此开展提问预警和意图的感知和分析，所以直截了当地表达需求可以触发模型思考，但是这里的提示词还是需要有基本的信息量，才能保证模型能够开展正确和合理的推理。即使是用大白话，我们也需要拥有足够背景信息的大白话来让大模型真正了解我们的诉求（见表 2–4）。

表 2–4 DeepSeek 提示词技巧与案例

序号	技巧	解释	案例
1	摒弃指令型模板，直接表达需求	直截了当地表达需求可触发模型更自然的思考逻辑，不需要写非常详尽的提示词	不推荐：“生成一份洛杉矶的旅游攻略” 推荐：“我要给腿脚不便的父母安排洛杉矶七日游，希望行程轻松但有趣，避免劳累，请建议具体景点和交通方式”
2	“说人话”：通俗化表达	通过简单的“说人话”指令，促使模型用更通俗易懂的方式解释复杂概念	不推荐：“请解释量子纠缠的原理” 推荐：“请用最简单的语言解释量子纠缠，就像跟一个高中生解释一样”
3	反向激励	通过寻找反面意见和潜在问题，促使模型进行更深入的思考和完善	“我的解决方案是 ABC，请你站在反对者的角度，指出这个方案可能存在的所有问题”
4	模仿学习	通过提供范例可以获得更好的输出质量	这是乔布斯的一段演讲稿，请用类似的语气和风格，帮我写一段关于我们新产品发布的演讲稿
5	深度思考模式	通过特定提示词触发模型的深度思考模式，获得更全面和深入的答案	在回答这个问题时，请加入批判性思考，并至少进行三轮自我复盘，确保回答的全面性和可行性
6	身份定位	让 AI 理解你的背景和专业水平	不推荐：“帮我写一篇营销方案” 推荐：“作为一名刚入职的电商运营，需要为天猫美妆店铺制订‘618’活动方案”
7	场景描述	提供具体的应用场景和限制条件	不推荐：“写一篇新品发布文案” 推荐：“为新上市的儿童智能手表写一篇朋友圈文案，目标用户是 25~35 岁的年轻父母，预算 3000 元以内，需强调安全定位功能”
8	结构化输出	指定具体的输出格式和内容结构	不推荐：“分析最近的新能源汽车销量数据” 推荐：“请用表格对比 2024 年 Q1 特斯拉、比亚迪的销量数据，包含维度如‘月度销量’‘同比增长’‘市场份额’，并在表格下方总结三个关键发现”

续表

序号	技巧	解释	案例
9	细节约束	确保输出符合特定要求	不推荐："写一篇美食测评" 推荐："写一篇 2000 字的火锅店测评，需要： 1. 至少包含 3 张实拍图的位置建议 2. 详细的价格区间（人均预算） 3. 避开辣度相关形容词 4. 结尾加入停车信息"

当然，我们也可以把提示词再提炼精简一下，例如：背景 + 需求 + 约束条件

例如：我家孩子现在读初三（交代背景），怎么提高她的英语水平（提出需求），不需要考虑口语问题（约束条件）。

我们来看看效果：

经过 24 秒的思考，DeepSeek 给出了如下推理和回答这个问题的思路：

我家孩子现在读初三，怎么提高她的英语水平，不需要考虑口语问题

已深度思考（用时 24 秒）

嗯，用户的孩子现在读初三，想要提高英语水平，但不需要考虑口语。首先，我得想想初三学生的英语学习重点是什么。中考在即，可能用户更关注笔试部分，比如语法、阅读、写作这些。不需要口语的话，可能用户的孩子在听力、阅读、写作方面需要加强。

接下来，用户可能没有明确说明孩子具体在哪些方面薄弱，所以需要综合考虑。比如，词汇量是否足够？语法掌握得牢固吗？阅读理解能力如何？写作有没有结构上的问题？还有，考试技巧是不是需要加强？

然后，用户的需求是提高英语水平，但排除口语。这时候需要制订一个针对笔试的学习计划。可能包括每天背单词，做语法练习，阅读理解训练，写作练习，以及听力训练。虽然口语不需要，但中考可能还是有听力部分，所以听力也不能忽视。

然后，分模块分析。词汇方面，初三学生需要掌握中考考纲词汇，每天定量背诵，结合例句和复习。语法的话，系统梳理知识点，用专题练习巩固。阅读理解，每天练习，分析题型，总结错题。写作，模仿范文，学习结构，积累素材。听力，每天听中考真题，培养听感。

另外，错题本很重要，定期复习错题，避免重复错误。模拟考试环境，限时做题，提高应试能力。可能还要注意孩子的学习习惯，比如是否有拖延，注意力是否集中，是否需要家长监督。

可能用户没有提到孩子的学习动力问题，如果孩子积极性不高，可能需要激励措施。但用户的问题主要是方法上的，所以重点放在学习策略上。

> 还要考虑时间安排，初三学业压力大，如何平衡各科学习，制订合理的学习计划，避免过度劳累。比如每天固定时间学英语，比如早上背单词，晚上做阅读和语法，周末写作文。
>
> 另外，资源推荐，比如适合中考的词汇书、语法练习册、真题试卷等，但用户可能希望不需要额外材料，或者推荐一些常见的资源。
>
> 最后，定期检测学习效果，比如每周小测，查看进步情况，调整学习计划。家长如何配合，比如监督孩子完成每日任务，鼓励孩子坚持。
>
> 可能还需要提醒家长注意孩子的心理状态，避免压力过大，适当鼓励，保持积极心态。

接着根据分析推理的逻辑，DeepSeek 给出了 5 个方面的建议和思路：

首先是词汇筑基，聚焦单词：

我家孩子现在读初三，怎么提高她的英语水平，不需要考虑口语问题

针对初三学生英语笔试能力提升（中考方向），以下为系统性学习方案，重点攻克词汇、语法、阅读、写作四大板块，兼顾应试技巧：

一、词汇筑基——科学记忆法

1. **考纲词汇分级突破**
   - 使用《中考英语考纲词汇表》，用荧光笔标记高频词（历年真题中出现≥3次）、中频词（出现1~2次）、低频词（剩余词汇）。
   - **每日定量**：高频词20个（重点背诵拼写+搭配），中低频词30个（认读为主，熟悉词义）。
   - **记忆技巧**：
     - **词根词缀法**：如"dis-（否定） + agree → disagree"；
     - **语境记忆**：用单词造句或结合真题例句记忆（如"The government has taken measures to **reduce** pollution"）；
     - **艾宾浩斯曲线**：每日早晚复习前3天词汇，用App（如"不背单词"）设置自动复习提醒。
2. **真题词汇反刍**
   - 整理近5年本地中考真题中的生词，建立"真题高频词本"，标注出现频率及考点（如完形填空常考动词短语：give up, look forward to）。

其次是语法体系，聚焦考试要点：

二、语法体系——精准对标考点

1. **考点分类突破**
   - **必考模块**：时态（尤其现在完成时vs一般过去时）、被动语态、宾语从句/状语从句、非谓语动词（to do/doing）、情态动词（表推测用法）。
   - **专项练习**：使用《五年中考三年模拟》语法分册，每日完成1个专题练习（如"时态专项"），错题标注错误类型（如"时态时间状语误判"）。
2. **长难句拆解训练**
   - 从阅读理解C/D篇中摘取长难句，用符号划分主干（主谓宾）和修饰成分（定语从句、分词短语）。
     例：
     The book (that I borrowed from the library) [last week], (written by a famous scientist), explains how the universe works.
     → 主干：The book explains how the universe works.
     → 修饰：定语从句（that...）、分词短语（written...）

接着是阅读理解，聚焦题型技巧和逻辑训练：

三、阅读理解——题型技巧+逻辑训练

1. **题型方法论**
   - **细节题**：定位关键词→原文精准比对（注意同义替换，如"cheap→low-cost"）；
   - **主旨题**：重点看首段、尾段及每段首句，排除以偏概全选项；
   - **推断题**：拒绝主观联想，严格依据原文逻辑推导。
2. **每日精读+限时训练**
   - **精读1篇**：选择中考真题C/D篇，完成以下步骤：
     ① 限时8分钟做题；
     ② 对照答案后逐句翻译，标注生词和长难句；
     ③ 分析错题原因（如"未识别出段落隐含对比关系"）。
   - **泛读2篇**：使用《初中英语阅读理解200篇》，训练速读（3分钟/篇），只抓主旨和关键细节。

然后是写作提升和应试强化：

四、写作提升——模板化+亮点句

1. **四大常考文体模板**
   - **书信/邮件**：开头（I'm writing to...）、结尾（Looking forward to your reply）；
   - **议论文**：三段式结构（观点+2论点+总结），使用连接词（Firstly, Moreover, In conclusion）；
   - **看图作文**：描述画面（In the picture, there is...）+ 寓意阐述（This reflects...）；
   - **建议类**：使用虚拟语气（It would be better if...）、高级句式（Not only...but also...）。
2. **亮点句积累**
   - **开头句**：With the development of society,... / It's widely believed that...
   - **强调句**：It is education that plays a key role in...
   - **倒装句**：Only by working hard can we achieve our dreams.
   - **每周一练**：按中考评分标准（内容+语言+结构）批改，重点纠正语法错误（三单、时态）和逻辑衔接问题。

五、应试强化——精准提分策略

1. **完形填空三步法**
   - 第一遍：跳过选项通读全文，把握主旨（记叙文注意情感变化）；
   - 第二遍：结合上下文线索（同现词、逻辑连接词）选答案；
   - 第三遍：代入选项复查是否逻辑通顺。
2. **时间分配训练**
   - 模拟考试场景，按"听力20min→单选5min→完形15min→阅读30min→写作25min"严格限时，培养答题节奏。
3. **错题本迭代**
   - 分类整理错题（如"阅读细节题错题集"），标注错误原因和正确思路，每周重做错题直至连续3次正确。

最后还给家长提出了意见建议：

家长辅助建议

1. **监督执行**：每日检查词汇背诵记录、错题本更新情况，周末抽查语法知识点；
2. **资源提供**：购买《中考英语真题汇编》《初中英语考点清单》，整理优质网课（如B站"一英儿"语法课）；
3. **心理调节**：避免强调分数，改用"进步可视化"鼓励（如"本周比上周多掌握50个词汇"）。

关键提醒：初三阶段切忌盲目刷题，需定期（每2周）进行真题模考，分析失分趋势，动态调整学习重心。

实践案例

春节回家的意义是什么

刚刚过完了农历新年，对于现代人来讲工作压力本身就很大，但是过年回家又要舟车劳顿很久，年轻人又不太善于与老家的各种亲戚互相“问候”，还休息不好。那么春节回家过年的意义是什么呢？

问题：春节回老家过年，其实待不了几天，为何还要回去？

已深度思考（用时 23 秒）

嗯，用户问为什么春节回老家过年待不了几天，还要回去呢？这个问题看起来挺常见的，但可能背后有更深层次的需求。首先，我需要考虑用户可能的背景。他们可能是年轻人，工作繁忙，假期短，可能觉得回家时间太短，路上又辛苦，所以产生疑问。或者是刚工作不久的人，对传统习俗和家庭团聚的价值开始产生疑问。

接下来，我要分析用户的问题核心。表面上是在问时间短为什么还要回去，实际上可能是在质疑春节回家的意义，或者是在寻找说服自己或他人的理由。用户可能面临时间、经济压力，或者对家庭关系有复杂情感，导致对回家过年的必要性产生怀疑。

然后，我需要考虑不同的角度来回答这个问题。传统习俗、家庭情感、文化认同、心理需求等。要涵盖这些方面，同时用具体的例子让回答更有说服力。比如，提到春运的人流量，说明很多人即使困难也要回去，反映了一种普遍的情感需求。

还要注意用户的潜在需求。他们可能希望得到情感上的支持，或者寻找平衡工作与家庭的方法。比如，建议即使时间短，高质量的陪伴也很重要，或者提到现代通信无法替代面对面交流，这些都能帮助用户理解回家的深层意义。

此外，要避免过于说教，而是用理解的态度来回应。用户可能内心有矛盾，既想回家又觉得麻烦，需要肯定这种感受，同时提供积极的视角。比如，提到回家是一种情感充电，短暂但有意义，或者不回家的人也有其他方式维系亲情。

最后，结构要清晰，分点论述，每个观点都有例子或解释支持。同时，语言要口语化，避免学术化的表达，让用户感觉亲切易懂。可能还需要加入一些社会现象的分析，如城乡迁移导致的距离问题、传统文化在现代社会中的演变等，来丰富回答的内容。

针对这个问题，我们还是先来看看 DeepSeek 是如何思考的，有什么是值得我们借鉴的。

首先 DeepSeek 分析了提出这个问题可能的背景原因，比如说年轻人假期短工作忙，所以才对传统习俗和家庭团聚产生怀疑。

接着，DeepSeek 开始针对问题本身进行分析，但是分析没有流于表面，而是深层次挖掘春节回家的意义，说服自己的理由。问题的背后可能是情感、时间、家庭关系等原因。

有了以上分析之后，DeepSeek 考虑从不同角度来回答这个问题，既给出答案，同时还提醒自己要用案例来让回答更有说服力。

接着，DeepSeek 从更人性化的角度提出，要在感情上对提问的人予以支持，来帮助用户理解回家更深层次的意义。同时，DeepSeek 还提示自己要避免说教，这里的原因是 DeepSeek 推断问问题的人可能内心比较矛盾，想回家又觉得麻烦等。

经过一系列的分析研判，最终 DeepSeek 给出了这个问题答复的逻辑：结构要清晰，分点论述，每个观点都有例子或解释支持。同时，语言要口语化，避免学术化的表达，让用户感觉亲切易懂。可能还需要加入一些社会现象的分析，如城乡迁移导致的距离问题、传统文化在现代社会中的演变等，来丰富回答的内容。

下面，我们来看看 DeepSeek 回复的内容：

春节回家过年虽然时间短暂，背后却承载着超越物理时间的情感需求和文化意义。以下几个角度或许能解释这种看似"不划算"的坚持：

一、情感维系的仪式感

1. **时间锚点效应**：现代人生活节奏快如陀螺，春节就像刻在年轮上的刻度线。深圳程序员小王用3天往返老家，他说："在老家祠堂上香那一刻，突然意识到自己不是代码机器，而是有根的人。"
2. **错位时空的重逢**：在北京做家政的张阿姨，每年都要扛着稻香村点心挤春运。她说："看着老母亲尝京八件时眯起的眼睛，这一年受的委屈都值了。"这种瞬间的情感浓度，稀释了364天的分离。
3. **代际情感账户**：上海白领李莉算过一笔账：父母65岁，若每年团聚5天，余生相处时间不足200天。"每次回家都像在往情感账户存款，怕哪天突然被清零。"

第一部分，是从情感维系的角度给出了答案，DeepSeek 重点从时间锚点效应、错位时空的重逢、代际情感账户这三个方面给出了它的理解。而且这三个方面没有给出定义，而是直接给出了案例和数字，让答案更加有画面感。

二、文化基因的显性表达

1. **集体记忆的复刻**：闽南乡村至今保留着"跳火群"习俗，95后阿杰说："当跨过燃烧的稻草堆时，突然懂了为什么爷爷说火里住着祖先的灵魂。"
2. **身份认同的校准**：在纽约投行工作的David陈，坚持每年回潮汕老家祭祖。"华尔街的西装革履下，我需要用祠堂的香火确认自己是谁。"
3. **传统技艺的活态传承**：山西的面塑手艺人老赵，最欣慰的是00后孙女能用3D建模复原传统花馍。"科技越发达，越需要这种实体的文化触感。"

三、现代社会的心理代偿

1. **数字时代的反噬**：杭州电商主播薇薇坦言："直播间说再多'家人们'，也比不上摸到外婆龟裂的手掌真实。我们需要这种物理接触来对抗虚拟世界的异化。"
2. **城市病的解药**：北京心理咨询师发现，春节后就诊量下降30%："老家的炊烟、方言甚至土腥味，都是最好的心灵SPA。"
3. **生存焦虑的缓冲带**：深圳创业者阿凯说："在老家晒谷场看星空时，突然觉得融资失败不算什么。这种抽离感是城市给不了的。"

在第二部分和第三部分，DeepSeek 重点从文化基因、现代社会心理代偿的角度给出分析。思路和第一部分很一致，就是通过案例来对每一部分进行解答和分析。这种思路有好有坏，好的方面前面已经提及，可以让读者很有身临其境的感觉，不足的地方在于，对内容没有提炼和总结的部分，显得过于微观了。

四、正在演变的春节形态

1. **逆向春运兴起**：2019年春运数据显示，北上广深"反向春运"票量增长40%。哈尔滨退休教师老刘夫妇说："儿子在上海买房后，我们学会了视频剪辑，但终究想亲手摸摸孙子的脸。"
2. **时间碎片的艺术**：成都设计师小苏发明了"24小时探亲攻略"：早上陪父亲晨练，中午学母亲腌泡菜，晚上教爷爷视频通话。"浓缩的陪伴反而更高效。"
3. **文化符号的重构**：Z世代创造出"电子家谱""AR祭祖"等新民俗。留学生小林开发了"气味邮件"："把老家初雪的空气封存寄给父母，算是赛博时代的年味。"

第四部分，则是从反向的角度进行了分析。前面第一、第二、第三部分都是通过支持回老家过年的角度来分析过年的意义；第四部分 DeepSeek 遵循了之前思考过程中中立的角度，从逆向春运、碎片艺术和文化重构的角度，对更多非传统文化的盛行进行了解读，给大家更宽阔的视野。

这种看似"不划算"的迁徙，实则是现代人在流动社会中构建的精神锚点。就像候鸟迁徙不只为觅食，春节归程中那些挤火车的疲惫、亲戚的唠叨，甚至城乡切换的不适，恰恰构成了抵御现代性孤独的抗体。当我们穿越高铁网络回到燃着炭火的堂屋，完成的不仅是地理位移，更是一次文明DNA的自我修复。

在最后的总结部分，对上面的内容进行了升华，肯定了回家过年的辛苦，从更感性和宏观的视角来分析回家过年的意义和价值。

金庸如何看待 AI 的发展

金庸在武侠小说领域的地位有口皆碑，如果用金庸的口吻来谈论人工智能的发展，又会给我们展现出一种什么样的画面呢？科技与江湖，古代与现代的碰撞，是否能够让我们从不一样的角度来看待人工智能的发展？

问题：请用金庸的风格写一篇近四年 AI 技术发展的文章。

已搜索到 48 个网页 >

已深度思考（用时 39 秒）^

好的，用户让我用金庸的风格写一篇近四年AI技术发展的文章。首先，我需要回忆一下金庸的写作风格。金庸的小说通常充满武侠元素，人物形象鲜明，情节跌宕起伏，语言古朴典雅，常用比喻和典故，喜欢将武功招式与现实中的道理结合。所以，我需要把AI技术的发展历程用武侠的比喻来呈现，比如将不同的技术比作不同的门派、武功秘籍，或者将技术突破比作武林中的重大事件。

接下来，我得看看用户提供的搜索结果。虽然很多网页内容无法访问（比如搜狐的页面显示"页面不见了"），但有几个网页还是有内容的，尤其是网页5和网页7，还有网页9提到了六神磊磊对AI创作的看法。网页5提到了2024年AI领域的五大趋势，包括生成式AI、AI作为助手、伦理问题、立法和量子计算。网页7讨论了2024年AI大模型的十大趋势，包括技术转向商业应用、多模态整合、垂直领域应用、开源化等。网页9则提到六神磊磊认为AI可能替代机械性创作，但真正的原创仍需要人类的情感。

我需要将这些技术趋势转化为武侠元素。例如，生成式AI可以比作某种神奇的武功，能生成文字、图像，就像武林中的"多模态神功"；多模态整合可能被描述为"融合多种感官的武学"；量子计算与AI结合可能被称作"量子心法"或者"内功心法"。同时，AI伦理和立法可以比作武林中的规矩和门派之争，各派系争夺主导权，同时面临道德挑战。

还要注意时间线，用户要求的是近四年，即2021到2025年。不过根据搜索结果，大部分信息集中在2024年，所以可能需要重点描述2024年的突破，同时适当提到之前的发展。例如，生成式AI在2024年的大爆发，多模态技术的成熟，以及量子计算的引入。

> 另外，金庸风格中常有门派之争，比如气宗与剑宗，可以用来比喻技术路线的不同，如大模型与小模型之争，或者开源与闭源的竞争。网页7提到技术路线多元化，包括强化学习、知识计算等，这可能对应不同门派的不同武功路数。
>
> 还要加入一些人物或门派的名称，比如将OpenAI比作"光明顶"，谷歌的Gemini比作"少林派"，Meta的开源模型比作"丐帮"广纳天下豪杰。这样可以让文章更有武侠味。
>
> 同时，需要引用搜索结果中的具体数据或趋势，例如网页7提到的市场规模增长到165亿元，降价潮，开源化等，可以用武侠中的"江湖格局变化"来比喻，比如"各派争夺市场份额，价格战如比武招亲，胜者得天下"。
>
> 伦理和立法部分可以比作武林盟主召开大会，制定新规，防止技术滥用。而量子计算作为新兴力量，可能被描绘为隐世高手突然出山，改变武林格局。
>
> 最后，结尾部分可以引用六神磊磊的观点，强调人类原创的重要性，如同武侠中的侠义精神，不被AI取代。这样既符合金庸风格，又点出技术发展的核心矛盾。
>
> 需要注意引用格式，每个引用的信息要标注对应的citation。例如，生成式AI的发展引用网页5，多模态整合引用网页5和7，市场规模引用网页7，伦理问题引用网页5和9，量子计算引用网页5，开源生态引用网页7，人类创作引用网页9。
>
> 在写作时，要保持语言的古朴，使用对仗、四字词语，加入比喻和典故，比如将AI的快速发展比作"武林大会，群雄并起"，技术突破比作"打通任督二脉"，伦理讨论比作"正邪之争"等。
>
> 最后，确保文章结构清晰，分几个大段落，每个段落围绕一个主题，如生成式AI的崛起、多模态的融合、江湖格局的变化（商业应用与价格战）、伦理与立法、量子计算的加入、人类与AI的共生等。每部分都要有武侠元素的比喻，并适当引用搜索结果中的信息支持。

首先，DeepSeek 搜索了 48 个网页，花费了 39 秒进行思考，我们来看看它都做了哪些分析和推理：

首先，DeepSeek 对题目进行拆解，重点总结了一下金庸的写作风格和特点，在输出构思上准备把不同技术比作不同门派、把技术突破作为武林里的重大事件。

接着，大模型开始分析查询到的网页，这些网页内容有的能打开，有的不能打开，这里更多的是梳理 AI 领域的变化和重要事件，为后续撰写金庸的武侠文章做准备。

然后，DeepSeek 开始把技术的内容转化成武侠元素，同时还不忘记提醒自己，要按照时间线来梳理。为了更加吸引人，DeepSeek 还提醒自己要引入冲突，来展现不同技术的不同理念。在人物方面，将 OpenAl 比作“光明顶”，谷歌的 Gemini 比作“少林派”，Meta 的开源模型比作“丐帮”。这一比喻着实让人眼前一亮。

之后，就是通过故事情节，把这些技术和科技事件元素串联起来，让读者看到的输出内容更加有故事感。

最后，DeepSeek 提醒自己写作的时候要用古朴的语言、加入比喻和典故，结构也要清晰，分段落，每个段落要有一个主题等要求。

下面，我们来看看 DeepSeek 回复的内容如何，是否足够有“金庸味儿”：

请用金庸的风格写一篇近4年 AI 技术发展的文章

江湖风云变幻，AI武林亦是刀光剑影。自4年前“GPT-3”初现江湖，天下英雄便知，这场以算力为内功、算法为招式的江湖之争，必将改写人间万象。而今回望，恰似华山论剑，群雄逐鹿，各显神通。

一、生成式AI：九阴真经现世，江湖为之癫狂

昔年“文生图”初露锋芒，犹似张无忌初学乾坤大挪移，招式虽稚，却已惊动四方。至2024年，多模态生成式AI大成，一招“千手千眼功”融文字、音律、图像于一体，闻声可作画，见字能谱曲，甚至与文人合著话本，江湖人称“赛黄蓉”。有诗云：“笔下风云动，弦中日月生”，正是此技写照 5 。更有人以“Napkin”绘医学图谱，以“Gemini”助凡人起居，昔日高深武学，如今竟成市井百姓手中常物 4 。

二、大模型江湖：光明顶会盟，群雄割据

中原武林曾以参数量论英雄，动辄万亿参数，犹如少林七十二绝技尽展。然至甲辰年（2024），江湖格局骤变。各派悟得“重剑无锋”之理，转而深耕医、农、商等细分领域，恰似武当派化剑为掌，以柔克刚。华山论剑化作田埂比试，金融风控模型可比全真剑法，医疗诊断AI更胜胡青牛医术 7 。更有开源门派异军突起，如丐帮广纳天下豪杰，将“Cursor”“Deepseek”等秘籍公诸于世，引得江湖草莽皆可习得三分真传 4 7 。

三、量子AI：古墓派御峰，无声撼乾坤

当世人沉迷招式比拼之际，西域忽现奇门异术。量子计算与AI合璧，名曰“量子叠加诀”，借量子纠缠之力，破机器学习桎梏。此功法犹如小龙女御蜂，看似轻灵缥缈，实则暗藏杀机。2024年，谷歌“悬镜司”与IBM“星宿派”各展神通，以量子比特为棋子，布下天罡北斗阵，解药王神篇未决之难题。江湖传闻，此术若成，或可窥见AGI（通用人工智能）之境 5 。

开篇，DeepSeek 仿照金庸的口吻，写了一个引子，介绍 AI 的“武林”也是刀光剑影，重点提及了 OpenAI 公司的 GPT-3 惊艳全球，从而展开了 AI 大模型领域的科技万象。

在第一部分，DeepSeek 重点介绍了生成式 AI 的发展，这个也是符合

AI 领域发展规律的，最先破圈的是文生图的应用，之后文字、音乐、图像等开始走向多模态。在第一部分中 DeepSeek 甚至把多模态的能力称作“赛黄蓉”，通过黄蓉的多才多艺来比喻 AI 大模型多模态的能力，非常形象生动。

在第二部分，从大模型参数入手，介绍了 AI 大模型最开始是关注参数的数量，之后开始在不同领域进行落地，把金融、医疗等领域比作不同的门派。这里还把 DeepSeek 本身的开源比作丐帮，来告诉大家一些科技公司是如何把“武功秘籍”公布于众的。

在第三部分，则跳出了大模型之间的竞争，把量子技术比作“奇门异术”来介绍，从更超前的角度介绍了量子计算在人工智能领域可能引发的创新，虽然量子技术还有很久的路程发展，但是这里也把不同科技公司的探索融入其中。

四、伦理之争：少林达摩院，立规正天道

然江湖纷乱，亦生邪派。有魔教之徒以AI造谣生事，仿若欧阳锋逆练九阴；有奸商以算法困众生，堪比丁春秋化功大法。幸得各国“武林盟主”齐聚少林，效仿达摩面壁，定下《AI法案》三规六戒：一要算法透明如明镜台，二要公平普惠似降龙掌，三要责任追溯若生死符。更有高僧疾呼：“AI非屠龙刀，岂可任人妄用？” 5 7

五、人机共生：独孤九剑，无招胜有招

值此变革之际，六神磊磊于终南山巅叹曰：“AI纵有六脉神剑之利，终不及令狐冲杯中酒、笔下诗。”诚然，机械创作可代八股文章，然黄药师一曲《碧海潮生》，苏轼一阕《水调歌头》，终究需人间七情六欲为引 9。2024年末，有奇士以“AI Agent”助阵，医者得其辅助如虎添翼，文人借其灵感妙笔生花，恰似风清扬传剑，不拘一格，方是真谛 4 7。

江湖夜雨十年灯，AI武林方兴未艾。昔年觉远大师圆寂前传《九阳真经》于无色禅师，今日AI之道，亦当以造福苍生为念。须知技术本无正邪，唯人心可定乾坤。他日若见AGI问世，愿其如郭靖守襄阳，以侠之大者，护天下黎民。

在第四部分，从行业规范、科技伦理的角度，把 AI 江湖的纷乱进行了拆解，并介绍了 AI 发展的三个行业规律，希望 AI 行业能够规范健康发展。

在第五部分，则介绍了人与机器的价值，虽然 AI 很有影响力，但是还是离不开人，人的价值、情感、创意依旧是核心，同时智能体这个未来可能取代 App 的应用，也将使得人机协同成为可能。

最后，DeepSeek 再次强调了技术没有好坏，关键是使用技术的人，并引入郭靖来强调科技向善的理念。

整篇以金庸的口吻撰写，非常有画面感，很多金庸作品里的人物都在纸面上活灵活现，里面的人物如同穿越了时空来到现代社会。读起来非常有感觉。

3.3 预测英伟达的股价

英伟达是全球 AI 领域的重要参与者，是目前主流高端 GPU 芯片的供给方。很多人都想投资英伟达的股票，如果现在投资的话，未来一年会有什么样的收益呢？

问题：我现在购入英伟达股票，十万元预算，一年之后大概能赚多少。

已搜索到 49 个网页 >

已深度思考（用时 30 秒）^

嗯，用户现在想用十万预算买英伟达的股票，想知道一年后大概能赚多少。我需要根据提供的搜索结果来回答这个问题。首先，得看看各个网页对2025年英伟达股价的预测。

网页1提到2025年的预测价格区间在156.90美元到185.40美元，更乐观的话可能到214.93-220.77美元，保守估计146.40美元。还有TipRanks预测平均价177美元，最高220美元。网页5也提到TipRanks预测最高220美元，平均177美元，回报率可能57%。网页10则预测2025年底目标价199.34美元，增长64.2%。网页7和4提到Blackwell GPU的推出可能带动股价上涨70%左右，收入增长预期很高。

不过，不同的机构预测差异挺大的。比如CoinCodex预测2024年底可能跌到70.53美元，但用户的问题是2025年买入一年后的收益，所以可能需要看2025到2026年的预测。不过网页1里对2025年的预测范围比较广，需要考虑不同的分析师意见。

然后，风险方面，供应链问题、竞争加剧、市场波动都可能影响股价。比如网页4和9提到Blackwell的需求可能超过供应，但技术升级周期缩短可能有利。不过也有分析师认为毛利率可能下降，需要关注这些因素。

综合来看，可能的收益范围应该基于不同机构的预测。比如最高可能是220美元，当前价格假设是140美元左右，那么回报率约57%。如果按平均177美元，回报率是26%左右。但还有更乐观的预测如网页10的199美元，也就是64%的回报。不过也要考虑悲观情况，比如如果股价下跌到最低预测的146美元左右，可能收益较低。

> 另外，用户预算十万，计算的话，如果股价上涨到220美元，当前价假设是140，那么每股赚80美元，十万的话能买大约714股，收益是714*80=57,120美元，但需要考虑汇率和手续费。不过可能用户是用人民币计算，但这里可能假设是美元，或者需要转换。不过问题里没说货币单位，可能需要进一步确认，但根据网页中的价格都是美元，所以可能用户预算十万人民币，换成美元大概14,000美元。但这里可能用户的问题简化了，直接按美元计算，或者忽略汇率，以美元股价来计算。
>
> 总之，需要综合不同预测，给出可能的区间，并提示风险。同时，引用多个网页的数据，比如网页1、5、7、10等，说明不同机构的预测范围，然后计算对应的收益范围。

DeepSeek 针对这个问题，检索了 49 个网页信息，并进行了 30 秒的深度思考，整个思考过程其实比较值得我们深入分析和研究借鉴。

我们具体来看看：

首先，DeepSeek 在预测未来股价变化之前，先收集了网页里对 2025 年英伟达股价的预测判断。发现不同机构的预测差异很大，其中有一个预测的结果是大跌，但是 DeepSeek 也马上判断这个预测是针对 2024 年的，并不是用户需要的 2025 年及未来一年，算是对自己的一个提醒。同时，DeepSeek 也提醒自己说到预测范围比较广，要考虑不同分析师的意见。

接着，DeepSeek 分析了哪些因素会影响股价，尤其是风险方面，比如供应链、竞争、市场波动等都可能是潜在因素和风险，并提醒要注意这些因素。之后，根据网络上已经有的预测数据，DeepSeek 给出了乐观和悲观的分析和预测。

对于问题中的“10 万元”，DeepSeek 也做了判断，即到底是美元还是人民币，经过分析认为用户说的是人民币。这里也提醒到我们自己，在写问题的时候可以尽可能全面一点，比如明确说明这“10 万元”是人民币等。

在推理的最后阶段，DeepSeek 给出的思路是“需要综合不同预测，给出可能的区间，并提示风险”，同时指出要根据不同机构给出对应的收益范围区间。

可以说，在分析阶段还是比较严谨。但是也有小的瑕疵，并没有分析可能出现大跌的情况，或者是网络信息和整个行业分析完之后，判断英伟达在 2025 年赢利的可能性更大吧。总之，这里的分析相对乐观。

下面，我们来看看 DeepSeek 输出的结果如何：

根据2025年的市场分析和机构预测，英伟达（NVDA）股票在未来一年的潜在收益和风险如下：

一、2025年股价预测与收益估算

1. **主流机构预测范围**
   不同机构对2025年英伟达股价的预测差异较大，主要分为以下三类：
   - **保守预测**：目标价约146.40美元至185.40美元 1 6。
   - **中性预测**：TipRanks等机构给出的平均目标价为177美元，最高220美元，对应潜在涨幅约27%~57%（以当前股价约140美元计算） 1 6。
   - **乐观预测**：部分分析师认为，Blackwell GPU的强劲需求可能推动股价上涨70%，或达到220~437.34美元区间 5 10 13。
2. **10万元投资回报模拟**
   假设当前股价为140美元（参考2025年1月数据），按不同预测计算一年后的收益：
   - **中性情景**（目标价177美元）：
     投资金额：10万元 ≈ 714股（忽略交易费用）
     收益：(177 - 140) × 714 ≈ **2.64万元**（涨幅26.4%）。
   - **乐观情景**（目标价220美元）：
     收益：(220 - 140) × 714 ≈ **5.71万元**（涨幅57%） 6 13。
   - **极端乐观情景**（如Blackwell推动股价至437美元）：
     收益：(437 - 140) × 714 ≈ **21.2万元**（涨幅212%），但此预测风险极高 1。

首先，DeepSeek 给出了不同机构 2025 年对英伟达股价的分析和预测，并从保守、中性、乐观三个层面进行了分类。接着以 10 万元人民币来作为换算，看看根据机构的预测，这 10 万元的投资能够获得多少收益，并最终给出结果，预计全年的收益在 2.64 万 ~21.2 万元。

当然，这还没有完全结束，接着 DeepSeek 又分析了对股价有影响的正面和负面情况：

二、关键驱动因素

1. **Blackwell GPU的业绩释放**
   新一代Blackwell GPU预计在2025年全面出货，订单量可能超过2023–2024年总和，相关收入或达2100亿美元，显著提升公司盈利能力 5 10 。
2. **数据中心与AI需求**
   数据中心收入占英伟达总营收的90%，大型科技公司（如Meta、微软）的资本支出增加将直接推动GPU需求，预计2025年数据中心收入或突破500亿美元/季度 5 12 。
3. **自由现金流与回购计划**
   2025年自由现金流可能突破1000亿美元，叠加500亿美元股票回购计划，对股价形成支撑 12 。

三、风险与不确定性

1. **供应链限制**
   Blackwell和Hopper GPU均面临供应瓶颈，可能影响出货量 10 12 。
2. **竞争与市场波动**
   AMD在AI芯片领域的竞争加剧，叠加宏观经济波动可能压制估值 12 。
3. **技术迭代风险**
   2026年将发布下一代Rubin GPU，若Blackwell生命周期短于预期，可能引发股价回调 12 。

四、投资建议

- **短期策略**：若市场对Blackwell的乐观情绪持续，中性目标价177美元较可实现，建议关注季度财报和供应链动态 6 13 。
- **长期持有**：若看好AI和量子计算的长周期增长，可考虑长期持有，2030年目标价或达846美元（较当前涨幅约500%） 13 。

正面影响主要分析了英伟达的营收、资金流和行业对 AI 的需求；负面影响主要分析了供应链、竞争与市场波动和技术迭代风险，相对来讲还算客观。之后根据正反两方面的情况，给出了长期持有和短期投资的策略，以及对应的目标股价，方便投资者做判断。

最后，DeepSeek 根据以上情况，给出了一个中性的预期收益情况，并给出了需要关注的英伟达业务发展点，同时也提请高风险投资者要控制仓位等建议。

总结

以10万元投资一年，**中性预期收益约2.6万～5.7万元**，但需密切关注Blackwell出货进度和市场竞争格局。高风险偏好者可部分押注乐观情景，但需控制仓位以应对潜在波动。

但是这里 DeepSeek 分析得并不全面，还有很多点没有分析到：

首先是过度乐观：预测偏向技术驱动的增长叙事，未充分纳入宏观经济、竞争格局突变等“逆风因素”。例如当前全球高利率环境可能抑制科技企业的融资能力和资本支出，而英伟达下游客户（如 Meta、微软）的 AI 投资可能因融资成本上升而放缓。同时英伟达超过 50% 的收入来自海外市场，人民币、欧元等货币对美元的汇率波动可能直接影响其利润率。

其次分析主要基于静态竞争分析，低估了技术突破（如 DeepSeek）和国产替代对行业格局的重塑速度。例如 DeepSeek 的 R1 模型通过低端 GPU 实现高性能，直接挑战英伟达高端芯片（如 H100）的稀缺性。此前预测仅提到 AMD 的竞争，但未深入分析此类技术颠覆对英伟达生态的冲击（如 CUDA 被绕开、客户转向低成本方案）。同时，市场可能从“算力军备竞赛”转向“效率优先”，导致英伟达高端 GPU 需求增速放缓。

最后生态护城河高估：未考虑 CUDA 生态被绕开的风险，以及对英伟达长期定价权的潜在冲击。例如，DeepSeek 通过 PTX 汇编语言优化模型，这可能削弱英伟达的软件壁垒。同时，英伟达 90% 的收入来自数据中心，若该领域需求波动（如云计算巨头削减资本支出），公司抗风险能力将受考验。

因此，对于 DeepSeek 的预测我们要客观看待，并结合自己的实际来进行取舍，不能因为大家对 DeepSeek 的关注，就认为它的分析和判断都是对的。大家在判断的时候要擦亮眼睛，把自主判断作为核心。

以上几个案例，我们可以看到 DeepSeek 最让人眼前一亮的是它的思考推理过程，这个过程中 DeepSeek 花费了大量时间在推测我们的真实意图和背景。这也就意味着，当我们提出有清晰背景和目的指向性问题的时候，它可以把宝贵的算力资源留给更有价值的答案探索上。

也就是说，在未来我们每个人都可以获得超强的人工智能，能不能让人工智能的价值最大化，取决于我们的问题是否足够清晰和具有指向性。更进一步，就是我们对正在面对问题的分析和拆解能力将变得更加重要。

未来唯一有价值的就是你的见识。

AI 大模型总结

1. DeepSeek 凭借低成本推理模型在 2025 年初迅速崛起，成为全球 AI 领域焦点。其通过算法优化与硬件适配，实现性能接近 OpenAI GPT-4o 但推理成本仅为前者的 1/70，并于 2025 年 1 月开源全部代码与训练技术（R1 模型）。上线首周即登顶中、美应用商店，日活用户达 3000 万，获得腾讯云、华为云等企业级服务集成，展现技术普惠潜力。

2. 创始人梁文锋的跨界背景为其团队注入独特优势。他本科毕业于浙江大学电子信息工程，硕士主攻机器视觉。2015 年创立量化投资公司幻方科技（管理规模破千亿，位列“量化四大天王”）。2023 年转向 AI 领域，利用金融积累的资金与 GPU 资源组建 140 人团队（以国内高校人才为主），聚焦语言推理技术研发。

3. DeepSeek-V2&R1 模型通过架构创新实现技术突破。V2 采用混合专家（MoE）架构，动态激活通用知识与 256 个专项路由专家以减少冗余计算；多头潜在注意力（MLA）通过低秩压缩降低显存占用 50%，并优化英伟达 H800 GPU 指令集以提升次级硬件性能。R1 则通过强化学习直接训练数学 / 逻辑问题，设置奖励函数引导模型自主推导，推理能力媲美 OpenAI Open-o1，论文引发学界对 AI 自主学习机制的关注。

4. DeepSeek 推动技术普惠与生态重构，但也面临争议。其推理成本降至 0.01 美元 / 百万 token，使中小企业与开发者可低成本接入 AI；开源策略打破技术壁垒，分散了 OpenAI 与英伟达的技术-算力垄断，并展示中国 AI 企业的国际竞争力（春节期间在全球 140 多个国家应用商店下载量居榜首）。争议点包括仍依赖英伟达 GPU、暂未超越头部企业，以及知识蒸馏技术被质疑“抄袭”，商业化模式尚不明晰。

5 未来，DeepSeek 的“效率革命”理念或重塑 AI 发展路径。其通过算法优化而非算力堆砌实现技术突破，验证了低成本模型的可行性。开源策略加速全球 AI 生态协作，低成本模型将催生个性化旅行、医疗辅助等场景爆发。尽管面临技术天花板与商业化压力，但其实践为中国 AI 企业提供范本——技术自主创新与全球协作并重，国产芯片（如华为昇腾）与 AI 生态协同或预示国产化闭环临近。

第三章 语言的魔术师：巧解大模型

一、语言模型：古老的智慧，现代的奇迹

大家都知道，ChatGPT 的底层是大语言模型，简称“大模型”。大模型进入大众的视野的时间似乎并不长，只有 2 年左右。但是在大模型，尤其是 GPT 大模型出现之前，我们几乎每天都在接触和使用语言模型。比如输入法，当我们输入一个词的时候，输入法经常会给出一些预测建议，对下一个想要输入的词进行预测，这就是语言模型的典型应用。再比如搜索引擎（见图 3–1），当我们在搜索框中输入文字的时候，经常在下拉框中出现一些搜索建议，这一功能应用也是语言模型。

什么是语言模型？它有什么特点呢？

语言模型其实是针对语言世界的建模，通过构建词汇或者短语之间的关联性，来理解和描述人类语言的本质。也就是说，语言模型具有量化和形式化表示的特性。具体来看，语言模型有三个特点：

首先，语言模型可以判断一句话是否符合人类语言习惯。比如大家在

图 3-1 搜索引擎关键词提示

word 里码字或者发邮件，经常看到当有语法错误或者错别字时，系统会用波浪线标记提示，这个功能用到的就是语言模型。

其次，语言模型可以预测下一个词语，对语言应用进行赋能。比如只写了一句话的前面几个字，语言模型就能够根据语言规律预测后面的字是什么。从这个角度看输入法和 ChatGPT，都是基于语言模型来预测下一个词的应用。

最后，作为打分函数对多个候选答案进行排序打分。语言模型其实已经广泛应用在语音识别、机器翻译、光学字符识别等领域，其作用主要是对几种候选的语句结果打分排序，最终给出一个最优答案。

大家对比一下传统的语言模型和当前的大模型就会发现：一方面，当前的大模型很多成就和能力，与过去的语言模型是一脉相承的；另一方面，当前的大模型与传统的语言模型又不太一样，它不再只是一个仅仅应用于打分或者排序的语言模型，而是一个通用的任务模型，可以进行写文案、编程、翻译、做数学题等，这是传统语言模型难以做到的。

如果继续追问下去，未来的大模型会是什么样子呢?

第一个方向：多模态。当前的大模型只是重点解决了语言问题，但是我们每天使用的不仅是语言，还有图像、视频、声音，再深入一点有表情、神态、动作等，甚至在观察到周边环境时不断地自我调整，是一个非常典型的多模态交互过程。因此，未来大模型发展的一个重要方向就是向多模态发展。

目前的多模态模型，其实更多的是在单独训练。比如，语音是一个单独的模型，图片是一个单独的模型，视频又是一个单独的模型，未来是否会在单个模型中把各种模态集成进来呢？越来越多的机构把多模态作为大模型的亮点对外展示，但实际应用效果还有待观察，让我们拭目以待。

第二个方向：自主智能体 Agent。自主智能体强调的重点是与环境进行自主交互。事实上，当前的大模型更像人类智商的一部分，只能对人类的问题给出答案。但是对于人类来讲，记忆、使用工具和任务规划分解才是把答案落实的关键。

在记忆方面，当前的大模型超过一定字数就会忘记，或者说超出上下文范围的记忆是不存在的。如同得了健忘症一样，每次使用大模型都要从头对话，这显然在现实使用中是不可持续的。在使用工具方面：大模型可以读懂代码、做算术题，但是这些都不是其擅长的领域，未来需要调用其他的工具来满足用户的要求。在任务规划与分解方面：规划与任务分解能力对人类来讲司空见惯，比如早晨起来先穿衣服，再洗脸刷牙，之后吃早饭，接着出门上班，这是一个人所具备的基本规划和统筹能力。未来大模型也需要在当前的基础上成为一个合格的个人助理。

第三个方向：多 Agent 互动。Agent 可以自我学习和迭代，当前大模型之间基本没有交互，也不知道如何与其他大模型进行互动。未来随着Agent 进一步完善和智能，Agent 之间可以相互交流，甚至能够形成群体协作等能力。

二、AI 界的“魔方”——Transformer

围绕人工智能的发展，目前主要有三个实现路径：知识经验输入、模仿人类大脑、从数据中学习。

知识经验输入：传统的人工智能主要是基于这条路径，希望将人的知识通过规则等形式教给计算机，让计算机进行智能处理。但是历史证明，这种方式局限性较大，难以让人工智能真正落地。

模仿人类大脑：主要是基于人脑机理，来实现类人智能。我们经常在新闻里看到的脑机接口等就属于这个领域。但目前脑科学领域发展还处于理论研究状态，在产业落地和应用方面面临的挑战较多，普及仍需要较长时间。

从数据中学习：通过数据驱动机器学习的方法，来模拟人类智能，同时也借鉴知识输入的经验。这里如何发挥数据的价值是深度学习领域主要探讨的问题，同时判断哪些数据更有价值，更能让人工智能发挥作用，也在倒逼研究人员基于知识和能力，来精挑细选对应的数据，设计更加巧妙的训练方法。

要想发挥数据的价值并不容易，直到一篇论文的出现，开启了这一轮大模型的发展。2017 年的这篇著名论文——《注意力就是一切》（*Attention Is All You Need*），向世人公开了 Transformer 的算法，并成为截至 2024 年上半年以来全球人工智能被引用数量第三高的论文。

Transformer，从翻译来看它有两个意思：第一个意思是变形金刚。是的，就是我们看的电影《变形金刚》里的主角。显然在这本书里，我们不会把书中探讨的人工智能归结为好莱坞电影。因此 Transformer 的另一个意思才是我们讨论的重点：它还可以翻译为“变换器”或者“自注意力机制模型”，这是一种先进的深度学习模型，被广泛应用于自然语言处理等任务。

Transformer 的出现正式扣动了本轮人工智能热潮的扳机，让大模型得以实现落地（见图 3–2）：

图 3–2　大模型基本工作机理

首先，大模型采用了海量的互联网文本序列，这些数据包括书籍、文章、网站信息、代码信息等。大模型是学习了上万亿的 token（训练和生成文本的基本单位），上万亿是个什么概念呢？如果一个人一生每秒说一个词，那么究其一生也只能说大约 31 亿个词，而大模型所学习的内容已经超越了大多数人一生的量级。

其次，是对 Transformer 自注意力机制的巧妙运用。OpenAI 公司的 GPT 模型结构是从左到右预测下一个词，整个互联网的数据 +Transformer 就变成了监督学习的最佳应用场景，利用海量无标记的数据进行模型训练，可以更加高效和规模化。

最后，是价值观对齐。OpenAI 坚持用 RLHF 的方法，获得成功，使得大模型输出的内容更加符合人类认知和预期。

总的来看，Transformer 相较于之前的循环神经网络（RNN）主要解决了两个问题：第一，Transformer 实现了并行计算，取代了 RNN 的循环设计，这一改变极大地提升了 Transformer 的训练效率，使得大量数据都可以在此基础上进行处理，将人工智能推向了大模型时代。第二，Transformer 增强了上下文理解能力，逐渐发展成当前自然语言处理的“最优解”。让大模型从一个理论研究问题变成一个工程问题，让数据工程、算力规模、模型架构等因素日趋重要，同时门槛也大大降低。

与此同时，《注意力就是一切》的 8 位作者目前均从谷歌离职，并开始了创业之旅。截至 2023 年年底，这 8 位作者在以下机构（见表 3–1）开始了新征程。

表 3–1 《注意力就是一切》8 位作者目前工作机构

序号	姓名	发表论文时所在机构	目前所在机构
1	阿希什·瓦斯瓦尼（Ashish Vaswani）	谷歌 x 实验室	ESSENTIAL AI 为日常使用场景构建有用的基本机器学习和人工智能模型
2	诺姆·沙泽尔（Noam Shazeer）	谷歌 x 实验室	Character AI 构建神经语言模型聊天机器人
3	尼基·帕尔玛（Niki Parmar）	谷歌研究部门	ESSENTIAL AI 为日常使用场景构建有用的基本机器学习和人工智能模型
4	雅各布·乌兹科里特（Jakob Uszkoreit）	谷歌研究部门	Inceptive Labs 致力于使用神经网络设计 mRNA
5	莱昂·琼斯（Llion Jones）	谷歌研究部门	Stealth Startup
6	艾丹·戈麦斯（Aidan Gomez）	多伦多大学	CohereAI 提供 NLP 模型，并帮助企业改进人机交互
7	卢卡斯·凯撒（Lukasz Kaiser）	谷歌 x 实验室	OpenAI
8	伊利亚·波洛苏欣（Illia Polosukhin）	谷歌	NEAR Protocol 区块链底层技术

当然，Transformer是不是大模型的终极框架？未来我们能否找到比Transformer更好、更高效的网络框架呢？事实上，大模型的成功离不开神经科学带来的启发，在面向下一代人工智能网络框架的时候，我们也可以从相关学科中获得支持和启发。例如，有研究人员正在尝试将集合先验知识放入模型，构建Manifold网络框架；还有研究人员从工程和物理学的角度获得启示，构建State Space Model等；类脑计算也是研究人员关注的方向，如Spiking Neural Network等框架等。因此，对于下一代基础模型的网络框架，研究人员正在不断地探索。

技术的创新没有止步不前。

三、大模型的“大脑”——技术原理与成长之路

2006 年杰弗里 · 辛顿（Geoffrey Hinton）教授提出了无监督预训练的方式，使得神经网络变得可训练，从而为此轮大模型发展奠定了基础。过去 10 多年中，基于深度学习的人工智能经历了从“标注数据监督学习”的任务特定模型，到“无标注数据预训练 + 标注数据微调”的预训练模型，再到如今的“大规模无标注数据预训练 + 指令微调 + 人类对齐”的大模型，至此人工智能技术逐步进入大模型时代。

如何训练一个大模型（严谨版）

我们以 OpenAI 公司对外公布的内容为例，来看看 OpenAI 如何理解大模型技术：OpenAI 联合创始人安德烈 · 卡帕西（Andrej Karpathy）于 2023 年上半年就大模型的技术原理和训练过程做过介绍，总体来看 GPT 模型的训练主要包括 4 个阶段（图 3-3）[①]：

① 参考《State of GPT 学习笔记（上）：如何训练 GPT Assistant》《大模型时代必看！OpenAI 创始人演讲〈State of GPT〉》《OpenAI 联合创始人亲自上场科普 GPT，让技术小白也能理解最强 AI》等文章。

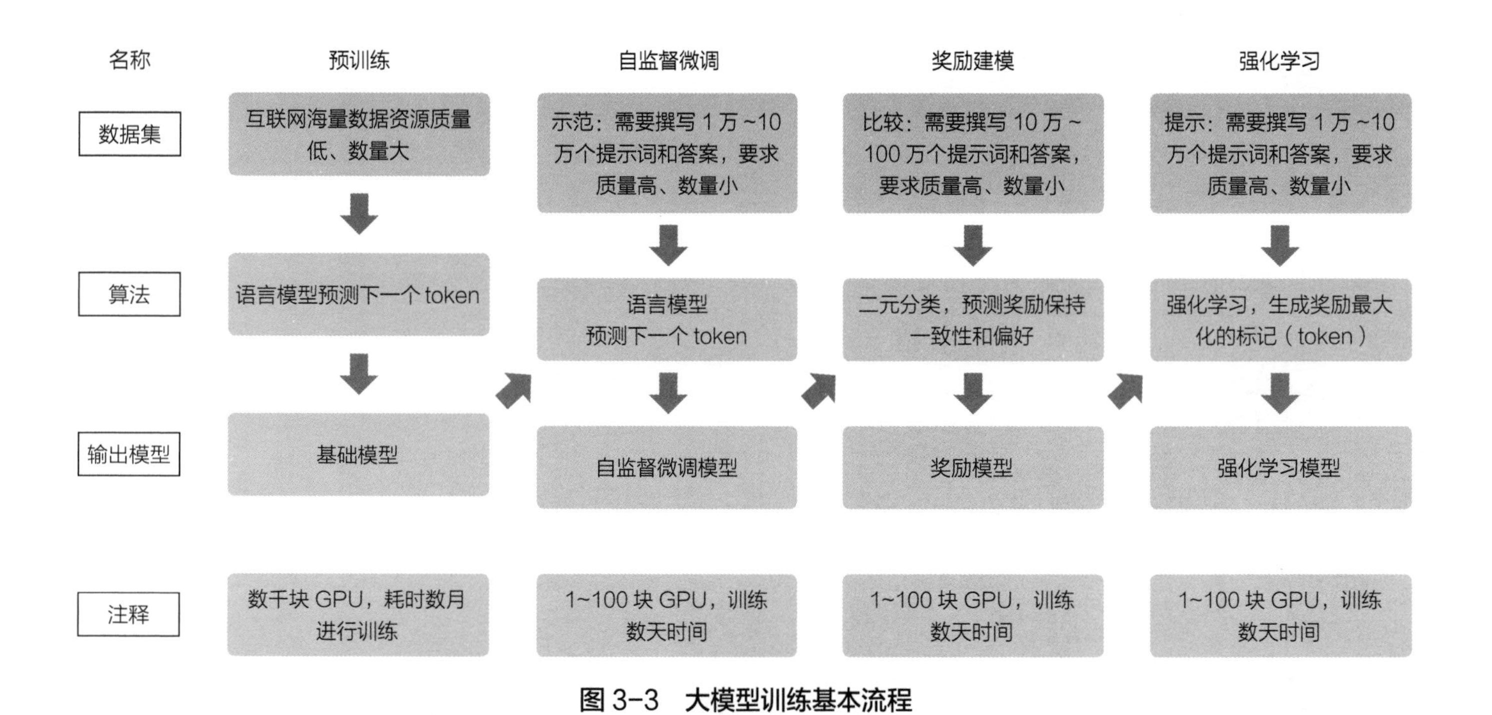

图 3-3　大模型训练基本流程

第一步，预训练（Pretrain）

预训练是模型训练的主要工作，占用的训练计算超过99%，需要耗费成千上万枚GPU芯片和几个月的训练时间。

在预训练阶段，数据需要进行分词（Tokenization），所谓分词是自然语言处理中的一项基本任务，目标就是将连续的文本序列分割成具有语义意义的单元，成为标记（token）。

那么我们经常说的单词（word）与标记（token）又有什么区别呢？

实际上在大多数情况下，单词（word）和标记（token）是一一对应的，但是某些情况下一个单词（word）可能会被分割成多个标记（token）。因此经过统计，在OpenAI的GPT大模型里，大致是1个标记（token）对应0.75个单词（word）。

对于模型来讲，模型参数和标记（token）都很重要。我们一般都是通过模型的参数来判断模型有多大、能力如何。事实上标记（token）数对模型也很关键，比如知名的LLaMa模型能力要比OpenAI公司的GPT-3有诸多优势，是因为LLaMa训练使用的标记（token）数远远大于GPT-3：LLaMA训练的标记（token）达到了1.4万亿，而GPT-3仅有大约3000亿。

需要指出的是，这个时候训练出来的基础模型还不能直接回答用户的问题。

第二步，监督微调（Supervised Finetuning，SFT）

监督微调阶段，虽然需要的数据集在数量上没有预训练阶段那么多，但是对质量要求较高，数据集数量需要在1万~10万，研究人员会让合作伙伴或者企业内部团队来撰写质量较高的提示词和回答。比如提出一个问题，来解释一下什么是“单一买方”，合作伙伴或者企业内部团队会提供一个比较详细的概念介绍，这里的回答要求是可信任、能够提供帮助、无害的方式。这样训练之后就得到了一个 SFT 模型，也就是监督微调模型。这一阶段所训练的模型就可以相对比较好地与人类对话了。可以看出来 SFT 模型训练过程跟预训练阶段基本相同，唯一不同的是更换了数据集。

接下来就要正式进入人类反馈强化学习（RLHF）阶段了，这一步包含了奖励建模和强化学习两个步骤。

第三步，奖励建模（Reward Modeling）

在奖励建模阶段，使用的是第二步训练好的 SFT 模型，并且需要冻结 SFT 模型参数。奖励建模阶段使用的数据集转变为比较形式。例如，对于同样的提示词“写一个能够检查给定字符串是否为回文的程序”，SFT 模型生成多个结果，然后再让人类对这些结果进行排名。这个排名的过程并不简单，有可能会很漫长，甚至需要几个小时才能够完成一个提示词对应生成内容的排序。

那么，这里为何不用打分而是排序的形式进行呢？其实原因很简单，就是希望降低任务的难度，可以让奖励建模更容易被训练。奖励模型对后续强化学习阶段很有用，因为奖励模型可以评估任意给定提示词完成结果的质量。

第四步，强化学习（Reinforcement Learning）

强化学习阶段，主要是使用第二步训练好的 SFT 模型，第三步训练好的奖励模型，用强化学习的方法对 SFT 继续进行训练。

所做的事情主要就是对大量提示词生成的内容进行打分。具体来看，一个提示词输入到 SFT 模型之后生成多个结果，然后在这些结果后面增加奖励标记（token），接着让训练好的奖励模型进行打分，比如对 SFT 输出的三个结果打分分别为：1.0、0.7、−1.7。

对于得分比较高的结果（比如 1.0），在未来会有更高的概率被采用；对于得分低的结果（比如−1.7）会给出负面评价，在未来出现的概率就会降低。

这就是 OpenAI 在 GPT 大模型训练阶段用的人类反馈强化学习，利用的就是以人类偏好作为奖励来对模型进行微调。

那么为什么人类反馈强化学习会有效果呢？

我们还是通过一个例子来解释这一现象：假如我们要模型写一首关于秋天的唐诗，而你正在努力帮助模型创建所需要的数据。对于你来讲，是写一首关于秋天的唐诗容易，还是在几首相关的唐诗选出一首较好的更容易一些呢？

很显然，比起创建一个好样本，判断哪个样本更好是简单得多的任务。

如何训练一个大模型（极简小白版）

如果对上面的内容理解起来觉得过于复杂，我们还有一个极简小白版。安德烈·卡帕西就用非常通俗易懂的语言介绍了大模型是如何训练出来的。

为了训练自己的聊天机器人，总体来看主要经历两个步骤：

第一步，预训练。我们需要寻找到足够多的互联网文本数据，大约需要 10TB；同时这些数据需要在神经网络中进行训练，训练需要大量的 GPU。以 700 亿参数的大模型为例，把 10TB 文本压缩到神经网络中，大概需要 6000 块 GPU，花费 12 天来训练大模型，耗费 200 万美元左右。以上工作完成后，我们就可以得到一个基础大模型了。

第二步，微调。微调注重的是质量而非数量，因此不再需要 TB 级的数据，而是需要靠人工精挑细选和标记的高质量对话来投喂。具体来看，需要撰写标注说明，收集 10 万份高质量对话内容；之后把这些数据用在模型的微调上，耗时预计 1 天左右，之后就可以得到一个可以作为助手的模型了。后面就是对模型进行评估和部署，同时收集模型的不当输出，之后重复第一步。

整个过程如图 3–4 所示。

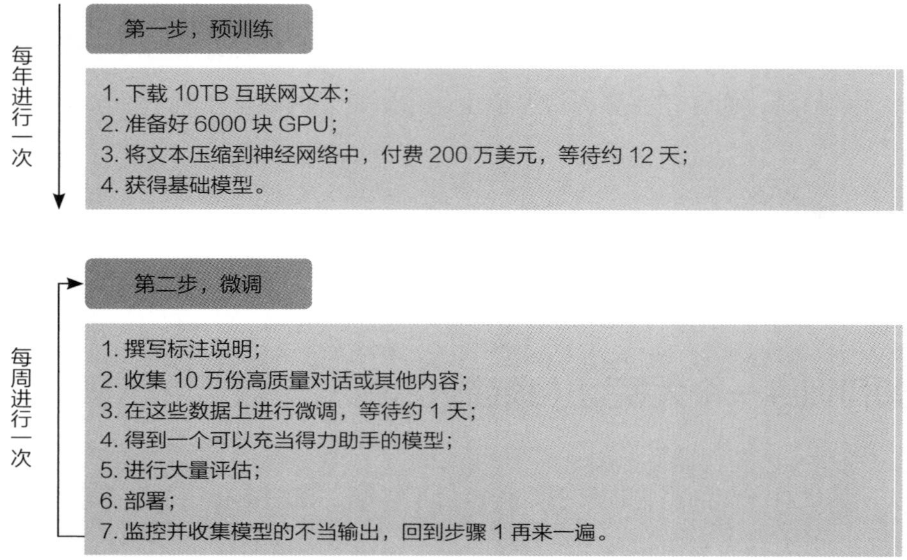

每年进行一次

第一步，预训练

1. 下载 10TB 互联网文本；
2. 准备好 6000 块 GPU；
3. 将文本压缩到神经网络中，付费 200 万美元，等待约 12 天；
4. 获得基础模型。

每周进行一次

第二步，微调

1. 撰写标注说明；
2. 收集 10 万份高质量对话或其他内容；
3. 在这些数据上进行微调，等待约 1 天；
4. 得到一个可以充当得力助手的模型；
5. 进行大量评估；
6. 部署；
7. 监控并收集模型的不当输出，回到步骤 1 再来一遍。

图 3–4　极简版大模型训练过程

同时，在大模型训练的过程中也会用到一些开源的数据集，目前全球典型的数据集如表 3–2 所示。

表 3–2　全球典型开源数据集

典型数据集类型	名称	简介
大模型预训练数据集	BookCorpus	2.24G，包括超过 1 万本电子书，覆盖领域和类型广泛
	Common Crawl	PB 级规模，抓取网站数据集，包括原始网页数据、元数据提取和文本提取等内容
	OpenWebText	38G, 从 Reddit 上共享的 URL 中提取的网络内容，且至少获得了 3 次赞成

续表

典型数据集类型	名称	简介
大模型指令微调数据集	Stanford Alpaca	21.7M，开源的 SFT 的多样化数据集，包含 52 000 条指令数据，涵盖创作、生成、设计、代码等多个维度
	static-hh	90M，开源的 SFT 多样化数据集，包含 100 000 条人类对话数据，由 LAION、Together、Ontocord.ai 这三个机构共同制作，用于相关大模型训练
	ShareGPT	1.8G，ShareGPT 数据集是一个由用户共享的对话 SFT 数据集，包含了超过 1 亿条来自不同领域、主题、风格和情感的对话样本，涵盖闲聊、问答、故事、诗歌、歌词等多种类型
大模型强化学习微调数据集	HH-RLHF	120M，Anthropic 创建的大型 RLHF 训练数据集，包含 161 000 条人工标注的数据。标注人员首先选择自己能够忍受的攻击主题，然后与模型进行对话。每次给标注人员的会是由两个随机由模型生成的结果，标注人员需要从两个选项中选择出哪一个更有害，以此来构建人类反馈的数据

数据来源：《中国人工智能系列白皮书——大模型技术》（2023 版）。

模型就绪之后，还有一个问题横亘在模型应用的道路上，那就是如何提升模型的推理效率。一种思路就是将训练好的模型在尽可能不损失性能的情况下对模型进行压缩，这里比较典型的技术包括剪枝、知识蒸馏、参数量化等。在模型压缩方面，清华大学推出的 BMCook 方法[①]，通过融合多种压缩技术来提高模型压缩比例，目前已实现 4 种主流压缩方法，不同压缩方法之间可根据需求任意组合，简单的组合可在 10 倍压缩比例下保持原模型约 98% 的性能。

大模型所产生的影响和效果是大多人没有预料到的。究其原因，一方面是大数据、大算力、大模型，通过规模壮大带来的质的变化；另一方面是研发人员创造了可以实现的工程逻辑和调教方法，最终获得了历史性的突破。

① Zhang et al. BMCook: A Task-agnostic Compression Toolkit for Big Models. EMNLP 2022 Demo.

四、大模型的“白日梦”——幻觉

关于大模型出现各种胡说八道的“幻觉”的案例，简直是多如牛毛。自大模型诞生以来，幻觉问题一直受到广泛关注。在一些需要创造性的场合中，幻觉是一种“意外之喜”，例如，在聊天、绘画、个人助手等应用对精准度要求不高，更多的是依托大模型提供情绪价值和创意思路，因此对大模型的幻觉更容易接受。但是在大多数需要确定性的场景中，例如工业、制造业、医疗、法律等领域，对输出内容的准确度和稳定性要求很高，需要模型尽可能降低幻觉的出现，出现幻觉是一个让人担忧的“惊吓”，如果无法应对这些挑战，那么大模型将无法成为在关键环境中可以信赖的工具。

比如作者经常测试大模型对话机器人的一个问题就是，询问朱瞻基是谁，大模型的回答如图 3-5 所示。

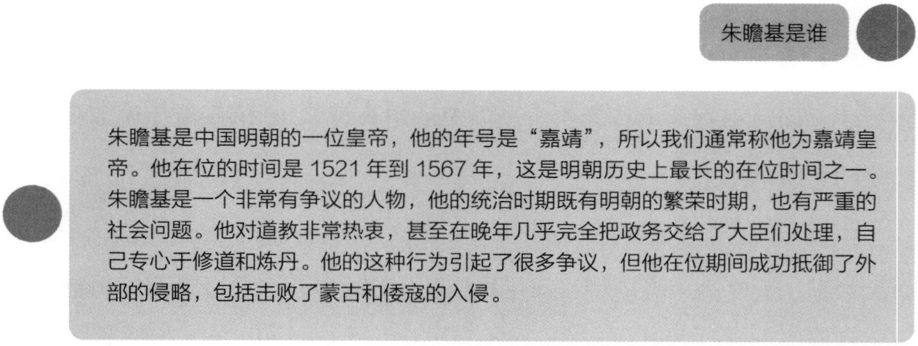

朱瞻基是谁

朱瞻基是中国明朝的一位皇帝，他的年号是“嘉靖”，所以我们通常称他为嘉靖皇帝。他在位的时间是 1521 年到 1567 年，这是明朝历史上最长的在位时间之一。朱瞻基是一个非常有争议的人物，他的统治时期既有明朝的繁荣时期，也有严重的社会问题。他对道教非常热衷，甚至在晚年几乎完全把政务交给了大臣们处理，自己专心于修道和炼丹。他的这种行为引起了很多争议，但他在位期间成功抵御了外部的侵略，包括击败了蒙古和倭寇的入侵。

图 3-5　大模型回答“朱瞻基是谁”的回复截图

看到上面的回答，如果朱瞻基有在天之灵一定会跑出来跟 ChatGPT 理论一番。虽然ChatGPT回答得头头是道，但是第一句话就已经是错误的。朱瞻基是朱棣的孙子，明朝第五位皇帝，年号是宣德，而不是嘉靖。

大模型缺乏人类拥有的缓慢、深思熟虑的推理能力，更接近人们快速而无意识的思考方式，这可能会导致不可预测的结果。因此，上面关于"朱瞻基是谁"的这种常识性错误，经常在大模型使用过程中出现，看似给出的答案很有逻辑性，但实际上是完全错误的。这种现象，在大模型领域有一个专有名词，叫作大模型"幻觉"，它最早来源于英文"hallucination"的翻译。

大模型为何会出现"幻觉"呢？事实上，大模型出现幻觉主要是在数据层面、模型训练和推理算法层面出现了问题。

在数据方面：预训练阶段数据中的错误或虚假知识，或者对齐阶段数据的知识未在预训练阶段出现甚至有冲突，都有可能是大模型产生幻觉的原因，前者导致大模型"记忆"错误，后者导致大模型"表达"有问题。例如，预训练阶段学习的数据是：苹果公司的首席执行官是库克，而对齐阶段给到的数据是：苹果公司的首席执行官是埃隆·马斯克。这个时候，如果用户问苹果公司的首席执行官是谁？大模型就会比较"困惑"，从而产生幻觉。

在模型训练方面：大模型在预训练的时候存在知识遗忘的问题，也就是说不能够保证准确地记住所有训练过程中见过的知识，这是所有深度模型面临的问题。

在推理算法方面：生成式语言模型解码过程中也存在不确定性，导致有一定概率出现错误或者不合理的回答。

总的来说，大模型出现幻觉是由多方面因素共同决定的。同时也因为大模型的特点，**想要杜绝幻觉现象也是基本不可能。**能做的事情只能是通过技术手段来降低幻觉出现的比例。

那么，有哪些技术手段可以降低大模型的“幻觉”呢?

目前，常用的解决方案可以分为数据层面、模型层面以及后处理方法。

在数据层面，现阶段的解决方案就是通过数据清洗优化训练数据，避免因为数据中的噪声或者数据偏见导致模型的幻觉产生。同时，通过人工标注的方式获得更高质量的数据集，也可以通过启发式规则或者训练判别模型对现有数据集进行质量判断，从而过滤掉可能存在问题的数据样本。另外，数据方面还存在数据重复、事实错误等问题，也需要通过人工或者模型的手段去识别并过滤噪声。因此，数据层面的核心问题是提高数据集的质量。

在模型层面，可以利用增加反馈、增加知识、增加约束等措施来降低幻觉的出现。增加反馈方面，在强化学习框架下引入包括“幻觉反馈信息”，可以有效降低幻觉产生的比例。增加知识方面，在模型预测的时候给模型输入更多正确的知识，来帮助模型降低幻觉，目前较为有效的方法是通过外挂知识库或者搜索引擎的方式来实现。这种方法避免了修改大模型，成为一种即插即用的高效解决方案，而且便于将实时更新的信息有效传递给大模型，从而降低幻觉。增加约束方面，可以要求模型输出结果包含指定词语，这种方式可以让模型输出的关键信息如实体名称、事实等可控。

在后处理方面，是在大模型生成结果的基础上进一步验证和修改。方法主要是构建包含一定比例幻觉的训练数据，训练模型根据原文和有错误的生成内容还原出正确的结果。

但是需要指出的是，虽然上面这些方法都在一定程度上能够避免大模型的幻觉，但是目前还没有根治大模型幻觉的“特效药”。而且从另一个角度来看，大模型之所以让人眼前一亮，往往是因为在不知道如何给出正确答案的时候，也能够给出答复的内容，似乎什么都懂。这一特征可以是优势，也可以是劣势，甚至有专家认为幻觉本质上就是一种创造力。大模型出现之前，人工智能领域的算法基本上都是把已经存在的内容抽取出来，并不会凭空产生。但是大模型延展出一些人们不曾见过的内容，创造出以前没有出现过的东西。**所以，幻觉和创造力从某种意义上来说是一体两面。毕竟，即使是人类也会经常“胡说八道”。**

五、大模型的“年龄”——我们到了哪一步

如果细数目前大模型的典型应用，ChatGPT、Midjourney、Stable Diffusion、Character.ai、Github Copilot 是较为受欢迎的 5 个典型应用，但是要撑起大模型应用生态，仅靠这几款应用是明显不够的。

我们回顾一下移动互联网的发展（表 3-3），来看看大模型发展有哪些路径可以遵循：

表 3-3　移动互联网里程碑事件

序号	年份	事件	特点
1	2007 年	iPhone 发布	· 移动互联网产业链从 0 开始构建
2	2010 年	iPhone4 发布 美团、小米成立	· 智能手机有了清晰的能力框架 · 我们现在用的手机和 iPhone4 的基本功能基本一致，只有性能上的量变
3	2012 年	智能手机渗透率超过 20%	· 移动互联网应用爆发，字节跳动、滴滴面世
4	2012 年	PC 端流量开始下跌	· 流量的接力棒交给了移动互联网

如果说 2007 年 iPhone 的出现意味着移动互联网产业如同婴儿一般的诞生，那么 3 年后的 2010 年，这个婴儿就已经成年，迸发出无尽的活力和创新力，之后的 10 年里，我们见证了微信、短视频、外卖、团购等业务的蓬勃发展，成为过去 10 年我国移动互联网发展的缩影。那么，借鉴移动互联网的发展历史，在大模型时代，我们现在处在什么时候，未来又会经历什么里程碑的事件？

可以说，2022 年年底 GPT-3.5 的发布，是生成式人工智能的开端，从

此基于大模型的产业链开始了从0到1的构建。经过一年的突飞猛进，我们看到了国内有上百个模型发布，大量应用在不同领域进行尝试。对标到“移动互联网时代的iPhone4里程碑”，目前大家都还处于摸索状态，也就是说一个能力框架更加稳定成熟的大模型还未出现。但是对于这样一个里程碑式的大模型，我们希望它能够以更强的推理能力、更长的文本记忆能力、更少的胡言乱语、更优秀的多模态理解和生成能力、更低的计算成本、更快的推理速度等，构建起大模型的“摩尔定律”，比如每年能力提升的同时，成本会迅速下降。

因此，当前的大模型是大模型产业生态的“婴儿期”。

那么什么时候会达到大模型时代的“少年期”呢？

如果基于Transformer等基础模型，可以精准地预测并生成下一帧，那么视频模型就能够完成技术收敛，未来就有机会发现下一个短视频级别的内容平台；如果能够精准地预测并生成下一步动作序列，那么具身智能就能落地，通用机器人将会走进千家万户；如果能够精准预测并生成下一个像素，那么3D建模将更加成熟，元宇宙将不再是空中楼阁而将在数字世界快速搭建。

当然以上目标的实现还需要一定的时间，这个过程中大模型带来的巨大机遇也要完成它应用的发展路径。比如最开始利用大模型打造的产品主要是工具类产品，但是工具类产品很难长时间发展。回顾移动互联网的经历我们会发现，目前我们使用的高频App中，微信、淘宝、京东、拼多多、美团、滴滴等很少有纯工具类应用。这些高频使用的App背后都有着重要的资产，比如：短视频类应用依靠的是内容资产，美团和滴滴依靠的是线下资产，淘宝、京东和拼多多依靠的是商户资产。这些资产形成了产品的供给，也就是“供给即产品”。

同样的，针对当前火爆的 ChatGPT、Midjourney 等应用，不应该是单纯的问答机器人，而是可以实现调用各种 AI Agent 来完成任务；文成图的应用不应该仅仅满足图片生成器的功能，而是生产有情节、有意思的内容，通过内容消费来构建内容平台，**从而实现工具和资产之间的动态变化，最终形成的是产品大体轮廓没有变化，但是内部资产进行反复迭代。**

六、大模型的“健身教练”——GPU

在讲 GPU（Graphic Processing Unit）与大模型的关系之前，我们先要了解一下 CPU（Central Processing Unit），这个和 GPU 一字之差，为何没有和大模型成为最佳“CP”。

CPU 大家都听说过，中文名字是中央处理器，可以称作计算机系统的核心大脑，负责处理和执行所有的计算任务，控制着计算机的所有操作。CPU 在计算上有一个特点，那就是时序计算。例如一个工作有 6 个步骤，那么完成的时候就要一步一步来，首先是第一步，之后是第二步、第三步，一直到最后一步。不可能跳过第一步直接来到第四步，需要循序、按步骤处理，这也是 CPU 进行计算的一个基本特点。

GPU ，中文名字是图形处理单元。GPU 并没有 CPU 串行计算的包袱，而且 GPU 是从图像渲染起步，再到后来的视频等，GPU 是可以对这些图像、影像、视频进行分割。例如，一张自拍照片，如果把它切成九宫格的话，GPU 会同时计算这个九宫格的内容，然后再把它拼接起来，这样的速度明显要比 CPU 的串行计算速度快很多。

CPU 和 GPU 的区别想必大家也就很清楚了，CPU 擅长串行计算，运算逻辑是从 1 到 10，那就按这个顺序一步一步执行；GPU 擅长并行计算，从 1 到 10 的计算可以同步进行。

那么，GPU 的这种特性和大模型有什么关系呢？

回顾一下大模型里提出的底层框架 Transformer，其实也是在进行并行计算。以 ChatGPT 为例，输出的内容并不是给出准确答案，而是根据输入的内容去预判下一个输出的词出现的概率最高，这个判断其实就是在大量可能性数据、不同角度的数据中进行计算。例如，“黄河”从历史的维度看是中国的母亲河；从地理的角度看是在中国北部；从发源地的维度看是来自青藏高原巴颜喀拉山脉，在 ChatGPT 里输入提示词“黄河”，输出的内容会在不同维度进行分割、记分和输出。这个过程与 GPU 把计算工作切割成不同块同时进行计算的原理是类似的。

讲到这里，你可能就会理解为何大模型和 GPU 会结合得如此紧密，以至于 GPU 提供的算力资源也成为各大科技公司争先抢夺的稀缺能力。强化学习之父理查德·萨顿也指出：“唯一推动过去 70 多年人工智能进步的力量，就是通用且可以扩张的计算能力。”因为计算能力增强了，相应的会带动算法、数据的进步，为“大力出奇迹”奠定基础。也有投资人调侃道：“GPU 在哪里，生成式人工智能的机会就在哪里。”同时，GPU 也成就了一家公司，那就是英伟达：英伟达 2023 年第二季度营收达到创纪录的 103.2 亿美元，比第一季度增长 141%，比一年前增长 171%。英伟达现在的市值已超 3 万亿美元（截至 2024 年 8 月）。目前大量科技公司将拥有英伟达 GPU 芯片作为其竞争优势而大规模宣传。在盛产石油的中东地区，GPU 也被称为大模型时代的“新石油”。在学术研究中，也有类似的情况发生。根据 Air Street Capital 发布的《2023 人工智能现状报告》显示（见图 3-6），英伟达的芯片在人工智能研究论文中的引用次数远远高于竞争对手，具体来看英伟达的 GPU 被引用次数是 FPGAs 的 31 倍，TPUs 的 150 倍。

除了从营收和论文引用的角度看到英伟达成功的结果外，我们还应该看看英伟达获得如此大的成功，到底做对了什么，尤其是对国内 GPU 产业带来哪些启发。

英伟达在大模型领域的成功，其中不仅仅是因为高性能的 GPU，更因

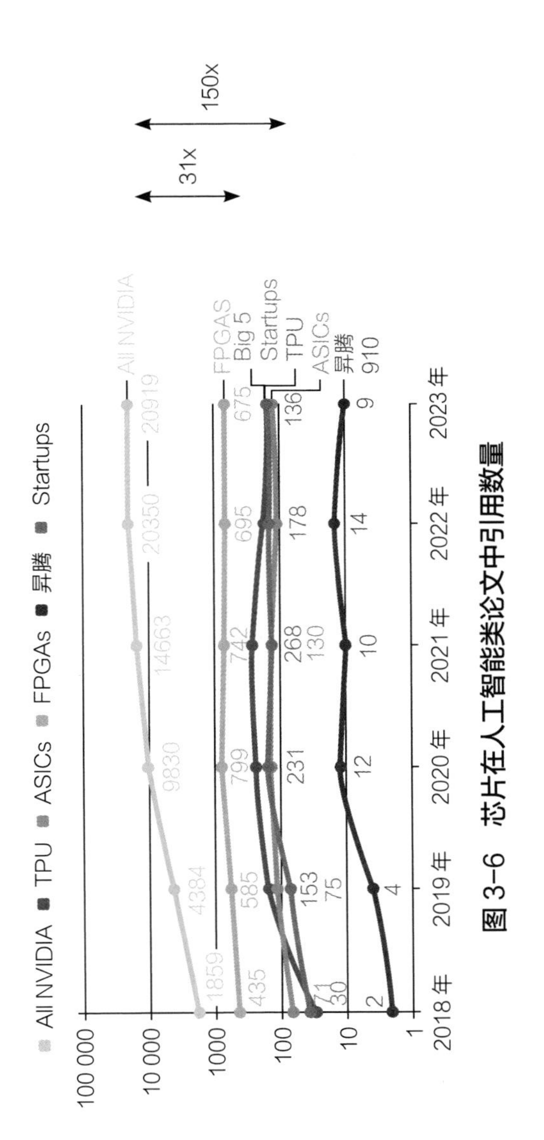

图 3-6 芯片在人工智能类论文中引用数量

为“软件架构 +GPU+ 高速传输 + 投资”一整套组合拳的形成。

（1）**软件和硬件结合的长期布局。**GPU 最早是用来做图形渲染，早在 2006 年英伟达为了更广泛地推广 GPU 在不同领域应用，研发了 GPU 对应的软件架构 CUDA，用来解决如何用英伟达的专用芯片来运行非图形软件（如加密算法和加密货币挖掘）。并且 GPU 和英伟达 GPU 进行捆绑销售，帮助大量开发者降低 GPU 的编程门槛。最终形成“越好用—用的人越多—越离不开 CUDA”的良性循环。

（2）**NV-Link 高速传输。**每台服务器不会仅配置一块 GPU，而是大量 GPU 聚集在一起，但是能否把 2 块 GPU 发挥出“1+1=2”的效果，事实上只有理论可能。更多的是效果接近于 2，如果成百上千个 GPU 部署在一起，效果必然要降低。这里最关键的是数据传输的速率要慢于芯片的算力，整个过程中还存在损耗。为解决数据传输问题，英伟达自研了 NV-Link 技术，并且好评不断，目前也是捆绑其芯片使用。

（3）**带着 GPU 和现金一起投资。**没有哪个投资人可以像英伟达一样，可以带着现金和全球稀缺的 GPU 一起来投资新一轮可能出现的大模型独角兽企业，也没有哪家企业可以拒绝这样的投资人。

2023 年，英伟达投资的活跃程度甚至超过了红杉资本，算力资源已经成为国家竞争的关键因素，英伟达创始人黄仁勋较早就公开指出：算力就是权利。尤其是未来随着大模型技术的成熟，算力将会成为整个社会的基础设施，就像水电一样无所不在，让每个人都能享受到充分的算力支持，将会成为一个重要的议题。

当然，并不是说 CPU 在大模型时代就一无是处了。事实上，现在大模型的参数上百亿甚至上千亿，对计算和存储的消耗非常大，因此需要构建更加高效的分布式训练算法体系。例如，通过模型并行、流水线并行等策略，可以将大模型参数分散到多张 GPU 中，通过张量卸载、优化器卸载等技术，将 GPU 的负担分摊到 CPU 和内存上[①]，从而进一步构建大模型的高效计算体系。

未来随着大模型的进一步普及，聚焦大模型硬件层的人才也将伴随人工智能风口变得弥足珍贵。

---

① Jie Ren et al. ZeRO–Offload: Democratizing Billion–Scale Model Training. USENIX ATC 2021.

七、大模型的“紧箍咒”——隐私保护与对齐

大模型就像孙悟空，可以七十二变。但是要保证齐天大圣别乱来，就需要唐僧的紧箍咒，那么大模型为何要戴上“紧箍咒”，“紧箍咒”在哪里呢？

实际上，大模型之所以要戴上“紧箍咒”，有两方面的原因：

一方面是隐私问题。数据资源在帮助训练大模型的同时，也面临着被泄露的风险：用户的兴趣爱好、行为习惯不但被大模型获取，也在与之交互的过程中一点点被吸收采纳。和搜索引擎通过关键词来匹配不同，大模型依靠的是语料库对上下文进行预测来生成文本，这一过程中组成材料方式的多样也预示着泄露方式的不断丰富。

另一方面是对齐（Alignment）问题。对齐这个概念是在 1960 年《控制论》里提到的，它的主要任务是引导大模型的目标和人类价值观、人的愿望是一致的，不能做危害社会的事情。想要让大模型行“见贤思齐”，就需要了解人类的价值观取向和基本原则。但是人类价值观是多元且动态变化的，对齐就是需要在这种变化中找到确定性，比如人工智不能危害人、需要与人为善、为社会做好事等。

1951 年，图灵跟自己的朋友抱怨，人工智能很难教，要么做得很慢，要么是错的，要么根本什么都没做。图灵的朋友反问道：“到底谁在学习？”

到底是谁在这场人工智能的浪潮中学习呢？是人工智能本身还是人类本身？

事实上，双方都在学习，我们指导人工智能，让人工智能更加理解我

们的意图，给出我们需要的答案。同时人工智能也在指导我们，让我们学会如何让机器能够符合人类需要的目标。归根结底，人工智能的浪潮核心是“人”本身，我们需要人工智能技术来承担更多的工作，成为我们的助手，而不是让人工智能来替代人类社会创造新世界的未来。

AI大模型总结

1. 语言模型的演进：语言模型从传统的语法判断和词语预测，发展到现代大模型的通用任务处理能力，如文案创作、编程、翻译等。大模型的出现标志着语言模型的一次质的飞跃，它们不再仅限于语言处理，而是拓展到了多任务、多模态的交互和应用。
2. 大模型的未来趋势：大模型的未来发展可能聚焦于多模态能力，整合语言、图像、视频等多种信息类型，以及向自主智能体 Agent 的转变，使其能够更好地与环境交互，具备记忆、使用工具和任务规划分解的能力，成为一个更合格的个人助理。
3. Transformer 模型的重要性：Transformer 模型通过自注意力机制，极大提升了模型的训练效率和上下文理解能力，成为推动大模型时代到来的关键技术。它的并行计算特性与 GPU 的硬件优势相结合，为大模型的训练和应用提供了强大的支持。
4. 大模型的训练过程：大模型的训练包括预训练、监督微调、奖励建模和强化学习等阶段。这一过程需要大量的数据、算力和精心设计的算法，以确保模型能够准确地理解和生成语言，同时符合人类的价值观和预期。
5. 大模型的挑战与限制：尽管大模型在多个领域展现出巨大潜力，但它们仍然面临着数据隐私保护、价值观对齐等挑战。需要通过技术手段和管理措施来确保大模型的输出内容既准确又符合伦理标准，避免产生误导或不当的影响。同时，大模型的"幻觉"现象也提示了其在创造性和准确性之间需要找到平衡。

第四章 跨越障碍：大模型的落地之旅

一、大模型：是互联网新规则的制定者吗？

是的，大模型的出现将会改写互联网的发展。

当前，互联网的发展逻辑是建立在“流量分发”的基础上，以至于最近几年大家都在发出流量越来越贵的感叹。无论是门户、搜索，还是社交，本质上都是流量不同的分发方式。以搜索为例，整个链条上主要有搜索引擎、用户、内容提供者、广告主四个角色。在“流量分发”的逻辑上，形成了很好的利益链条：搜索引擎回答用户的请求，将用户源源不断地导入给内容提供者，同时通过广告来获得利润。也就是我们经常听的一句话——羊毛出在猪身上。

但是，大模型的出现有可能会改写这一趋势。

大模型通过抓取数据进行训练，然后生成新的内容给到用户，不再需要互联网时代“将用户引导给内容提供者”的策略，从而最大限度地攫取内容提供者的价值。对应的，内容提供者将不得不选择走向封闭化，以至于现在很多高质量内容的网站已经拒绝 OpenAI、谷歌等机构对其数据的“获取”。免费的、实时抓取的海量数据将在未来变成“美好的回忆”。那些独立的搜索引擎，将会受到越来越大的局限，而基于用户自建内容的搜索引擎，影响相对较小。

未来，具有稳定、高质量内容的提供商，也就是高质量语料资源商，一方面可以将数据作为产品、服务，向大模型厂商提供售卖预训练数据的商业服务；另一方面可以直接下场做自己的垂直领域大模型，为用户提供垂类知识服务。

因此，大模型时代，用户生成内容（UGC）并不会消亡，甚至对于 UGC 是一种利好。因为 UGC 社区会有大量实时更新的优质数据资源，这些将是大模型训练的关键。同时，**社区内高质量的用户反馈、评价，也可以转化为大模型精调、人类反馈强化学习、对齐的基础。**这种“数据共生”的大模型，将具有较强的表现能力，也是未来其能否持续发展的关键。

在收费模式上，大模型时代也将有望摒弃广告模式，而更倾向于直接向用户收费。传统的搜索引擎不生产内容，因此无法直接向用户收费。但是大模型直接服务用户，自己产生内容，这一变化让“服务用户，用户缴费”成为可能，这也是当前 OpenAI、Midjourney 所做的事情。另外，交易模式、订阅模式也将有更大的发展空间：例如 ChatGPT 通过插件来给用户提供服务，可以更加精准地知道用户的需求，比如制订旅行计划，可以精准地知道用户的旅行时间、地点、个人偏好等，调用插件可以很好地吻合用户对机票、酒店的选择。基于此的订阅付费、交易付费将远远好于广告付费模式。

截至 2023 年下半年，全球典型大模型与生成式人工智能企业有以下几家代表（见表 4-1）。

表 4-1 全球典型大模型与生成式人工智能企业

序号	公司	成立时间	员工数	主要业务	估值（百万美元）
1	Tome	2020 年	44	生成演示文稿或可视化叙事文稿	300
2	Character.AI	2021 年	30	创建角色并与用户进行聊天交流	850
3	Anthropic	2021 年	148	研发可在工作环境中使用的聊天机器人	5000
4	OpenAI	2015 年	400	发布 ChatGPT 聊天机器人，以及大语言模型 GPT-4 和图像生成应用 DALLE	28000
5	Hugging Face	2016 年	199	打造知名人工智能开源社区	2000
6	Jasper	2018 年	174	为营销和品牌工作提供创意内容	1500
7	Stability AI	2021 年	170	首批向公众发布的图像生成模型	1000
8	Midjourney	2020 年	44	在 Discord 上运行的图像生成工具	—

二、大模型落地：从实验室到市场的必经之路

大模型是新的“操作系统”

在大模型的发展历程中，规模法则（Scaling Law）是关键，也就是说模型参数较小的模型只能解决自然语言处理中的部分问题，随着模型参数的不断扩大，一些棘手的问题往往可以得到有效解决。

这一规律已经在最近两年的大模型热潮中不断被证实，也就是业内经常谈及的“能力涌现”，这就不难理解为何研究人员在大模型领域不断追求参数规模，当然数据集和数据质量也非常重要。

随着模型的逐步变大，能力不断提升，**大模型未来有望成为人工智能时代的操作系统。**大模型简化了用户调用各种应用程序的过程，如同微信小程序的出现，用户下载 App 的积极性不断下降，基本需求都可以在小程序中得到满足，而大模型通过 Agent 甚至可以让用户省去搜索小程序的过程。

同时，这一变化也引来计算体系的巨大变革，**未来将会从 IOS/Android+App 向大模型 +Agent 转变（见图 4-1）。**因此，随着大模型应用的日普及越广，App 这种形态可能会进入消亡通道。

前面的章节，从概念到技术对大模型进行了详细的介绍和分析，但是光有大模型还是不够的，如何商业化落地、有效解决问题、让顾客用户愿意买单，才是未来一段时间大模型企业需要关注的重点。尤其是要定义清楚要解决谁的问题、什么问题，定义得越清晰，能力越到位，做的产品或

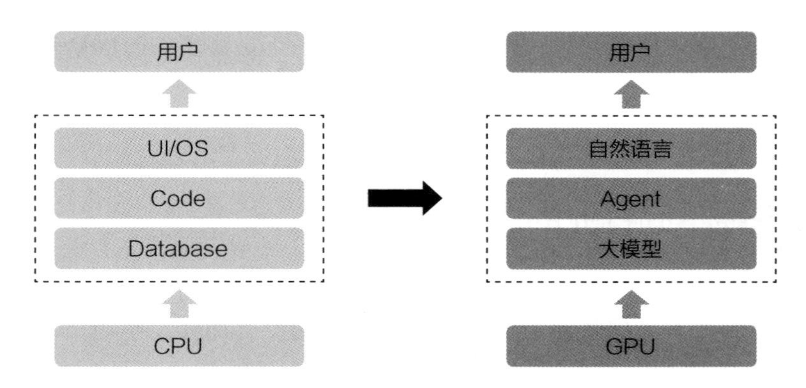

图 4-1　互联网与大模型时代简易结构图

者解决方案就会更“收敛”，才具备真正的商业穿透力。

未来一段时间将重点聚焦解决用户的问题，模型将成为解决方案的一部分而不是整个解决方案。比如 Harvey 公司，正在为全球知名律师事务所定制大模型和产品解决方案；Character AI公司正在构建数字伴侣，把角色、IP、故事、游戏和创意等融合在一起，让用户的精神生活更加丰富多样。同时，新技术可以让组织变得更加庞大和具有多样性，线上协同工具让跨国公司的效率进一步提升；霉霉[①]说中文的视频，让我们在可见的未来能够让不同的人实现母语交流。例如在组织视频会议的时候，我们将可以自由选择想要接收的语言音频，视频中交流的人甚至嘴型和表情也能够做到一致，这将进一步增强企业的管理能力，让组织变得更加强大。

因此，**对于人工智能而言，可信、稳定、可解释性非常关键。企业用户在经营决策中，需要的不是天马行空的想法，而是智能分析决策的准确性和低容错率，最终帮助企业实现价值提升。**

经过 2023 年的狂热和兴奋，未来一个时期才是技术革命的关键，也是

① 泰勒·斯威夫特（Taylor Swift），美国女歌手，在中国被用户称为“霉霉”。

万里长征的起点。狂热期之后的拓荒期，需要有足够多的时间磨炼并付出一定的代价，才能获得共识，赢得胜利。

大模型在不同行业的应用

宏大的叙事和愿景对大模型解决实际问题没有加分，小切口才能真正解决企业和个人经常遇到的痛点。我们听惯了大模型的价值以及愿景，实际上需要大模型真正落地的是在若干小事情上的运用，比如：

在建筑设计院，需要大模型对设计报告进行初审，来判断报告前后结论是否一致、评估过程是否符合规范和标准等；

在证券公司，需要大模型对企业 IPO 的底稿进行查询、提取标签、自动生成符合规范的债券发行报告等；

在文化旅游公司，需要在设计的展厅中将各种知名的历史人物转化为数字人，可以进行实时与游客连续对话，来丰富展示效果；

在医院里，需要大模型对老年人的健康进行评估，来减轻医生、护士的工作压力，实现人工智能医疗辅助；

在社交领域，率先落地的可能是角色扮演，尤其是网络文学爱好者，通过人工智能构建角色扮演，成为网文小说的新趋势；

在工业设计领域，CAD 软件可以通过大模型调用已有的设计模块生成设计草图，通过数字孪生生成大量的数据可以反哺工业大模型的训练；

在客服公司，基于大模型的意图理解、上下文对话能力，来升级行业智能客服的用户体验；

在保险公司，大模型可以提供更加智能化、个性化的营销服务，从而提高保险的销售效率和客户满意度；

在律师事务所，大模型可以帮助律师快速找到相似的判例，或者是提供法律咨询服务；

在学校里，大模型可以自动生成试题，并完成判卷工作，实现千人千面的教育效果反馈；

从上面的例子中可以看到，在现实场景中大模型的应用没有宏大的历史背景，有的只是一个个亟待解决的现实问题。**拿来就能用，用了就能解决问题，解决了就能提高效率。**

对于企业来讲，应用大模型需要从以下六个步骤开始（见图 4–2）。

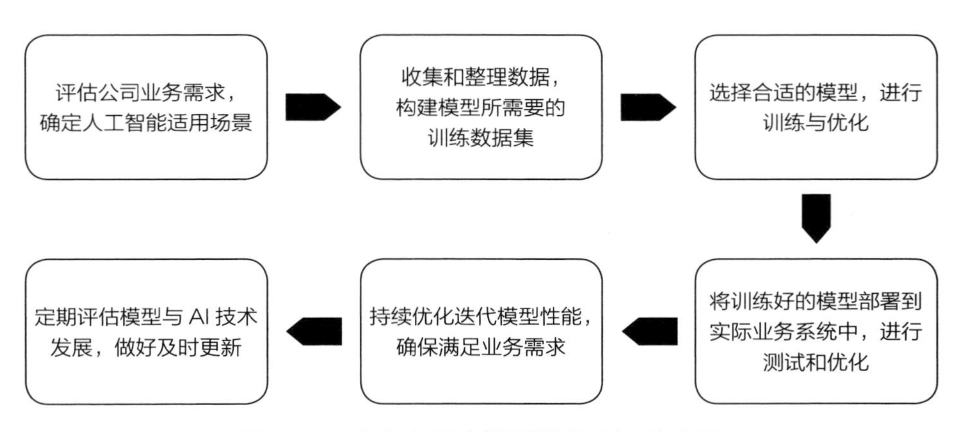

图 4–2　企业应用大模型的六个评估步骤

第一，评估公司业务需求。每家企业都需对自身进行一轮全面的评估，大模型并非能够解决企业的所有问题，但是会有一些问题或者痛点需要应用大模型来解决，因此需要评估企业业务需求从而尽快确定大模型能够应用的场景。

第二，收集数据并整理数据。大模型应用的关键在于在具体场景中解决问题，也就是当前业内关注的行业模型。而行业模型能否真正解决痛点的关键在于具体行业领域数据的使用，因此需要收集、整理数据，构建模型所需要的训练数据集。

第三，选择合适的模型。选择的模型可以是开源的，也可以是闭源的。对于中小团队可以直接利用开源模型，通过训练与优化尽快基于开源模型进化为专业垂直模型，聚焦典型用户场景形成技术应用壁垒。

第四，模型部署与落地。模型训练是为了解决问题，因此将训练好的模型部署到实际业务系统中是关键一步，同时在部署的过程中要进一步测试和优化，结合用户场景来解决真实痛点，最终形成自己的壁垒。

第五，持续优化迭代。模型并非越大越好，模型最终要服务客户、解决真实问题、产生商业价值，因此合理的成本、从痛点出发不断优化迭代模型的性能，从而确保满足业务的需求才是关键。

第六，定期评估与更新。人工智能时代，产品形态不再是迭代的核心，模型则成为需要不断优化更新的关键，定期评估模型能力以及基础模型的泛化情况，一方面积极布局大模型能力迭代可能出现的性能碾压；另一方面在模型迭代过程中实现性能稳定、把行业做深做透，形成持续迭代的飞轮效应。

三、杀手级应用：大模型的“成名作”在哪

大模型本质上是一种基础架构，类似于操作系统，因此开发者需依赖有限的大模型来开发各类原生应用。如果持续重复开发基础大模型，将极大地浪费社会资源。大家都认同目前的人工智能领域是一个巨大的机会，但人工智能的投资和创业机会还没有系统性地出现。也就是说，目前真正杀手级的应用还没有出现。

为什么还没有出现杀手级应用

首先，技术周期还处于早期阶段。技术驱动商业变革有着自身的周期规律，**一般而言每次商业变革的浪潮会持续 10~15 年，这期间会经历泡沫、早期渗透、原生应用、行业普及等 4 个阶段。**模型层还没有完成收敛，中间层处于发展阶段，应用层显而易见还处于早期。1982 年个人电脑就已经问世，并带来了巨大商机，但是谷歌、脸书（Facebook）等真正有影响力的科技公司则是在 10 年之后才开始崭露头角。

其次，对于创业公司或者仅仅做工具的产品来讲，只有应用层没有模型层，会随着模型的不断迭代而导致自身壁垒不够强大，在这轮快速竞争中逐步成为陪跑者。其中**可控性是应用出圈的关键**，以比较火爆的 AIGC 应用——妙鸭相机为例，其成功的一个关键因素在于妙鸭相机找到了生成图像赛道上的可控技术，锚定可控性是杀手级应用诞生的先决条件，从而使得照片质量可以做到平均 90 分以上。

最后，对于大型科技公司，当前的主要工作并非押注某个应用，而是需要练好基本功，把基础模型开发透、开发好。就如同腾讯马化腾曾经表示：最开始以为大模型是互联网十年不遇的机会，但是越想越觉得这是几百年不遇的、类似发明电的工业革命一样的机遇。对于工业革命来讲，早一个月把电灯泡拿出来在长的时间跨度上来看是不那么重要的。

可以看出来，无论是初创企业还是大型科技公司，当前的主要工作还是消化底层模型的能力，不断提升认知。

如果从应用的视角来看，原生人工智能应用应该具备以下特征：**如果大模型拿掉，应用就崩溃了，那么它就是一个完全依靠大模型能力的应用。**这样的应用一旦能够创造全新的价值，就能带来真正海量的用户，那么就是我们所说的杀手级应用。如同微信一样成为新商业范式的领导者。

哪些是真机会，哪些是伪机会

回顾移动互联网，我们发现一个行业从出现到成熟，这个过程中会出现很多机会，不过这里的机会有些是真机会，有些是伪机会。移动互联网时代有四类机会曾经引发大量关注。

第一类“工具类”机会，是伪机会。比如手电筒 App，这类工具类 App 在 2010 年之前经常出现，无论是手电筒 App 还是计算器 App，抑或是天气预报 App 都是用户经常使用的，但是这类工具功能单一，随着移动互联网操作系统的不断升级，都成为系统的标准配置，手电筒类工具也随之消亡。

第二类“体验类”机会，是小机会。比如智能手机出现后，学人们说话的“汤姆猫”App，巧妙利用了手机的麦克风，你说什么话汤姆猫就用什么语气来重复；再比如微信小游戏推出的“飞机大战”等。这类应用在当时引发大量关注和使用，但是在长期留存方面无法持续，而且玩法单一，新鲜感过去之后用户会大量流失。

第三类“聚合类”机会，是阶段性机会。在移动互联网发展的早期，应用商店是一个重要渠道和入口，用户经常需要下载很多 App，但是并不知道在哪里下载，因此应用商店成为刚需，同时还具有较强的分发能力，成就了 91 手机助手、豌豆荚等。但是随着移动互联网的发展，智能终端自带应用商店、高频的几个应用成为移动互联网的入口，最终应用商店的价值也变得不再重要。

第四类“杀手类”机会，是真正的机会。比如微信、短视频等，都具有较长的留存率，能够构建商业模式和护城河。这类应用在移动互联网早期并不明显，甚至也不知名，很难估算其市场规模。

目前，我们处于大模型的早期阶段，这四类机会依然存在，但是我们需要想清楚的是，谁是大模型时代的“手电筒”，谁是大模型时代的“短视频”。

那些基于大模型进行套壳的应用，具有明显的“手电筒”特征，虽然可以在短时间内引发关注，但是不久就会被大模型的泛化能力所替代；那些基于大模型做的小型体验类应用，如果功能过于简单，没有留存用户的方法，那么就很难形成护城河，也会成为昙花一现的“汤姆猫”。未来大模型时代的微信和短视频会是什么样子，现在还很难想象，即使想象出来的模式也会和最终实现的结果大相径庭。但是不妨碍创业者们已经在砥砺前行，毕竟这个过程还需要一定的时间。

那些有潜质的应用有什么特点

虽然还没有看到杀手级应用，但是目前一些明星产品应用已经崭露头角并引发关注：图 4-3 显示的是美国著名的硅谷基金 A16Z 研究成果报告《消费者如何使用生成式人工智能》里，按照网站流量统计的月访问量前 50 生成式人工智能产品。通过对这些产品进行分析，我们发现了以下特点：

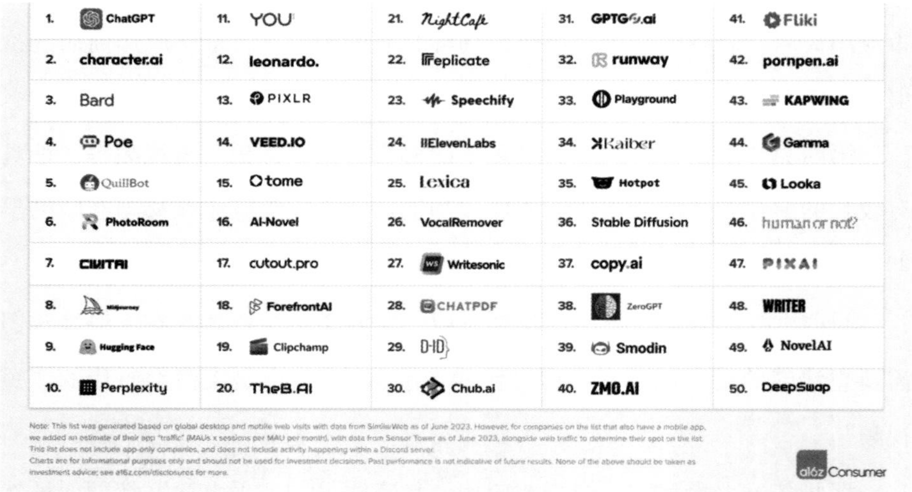

1.	ChatGPT	11.	YOU	21.	NightCafe	31.	GPTGO.ai	41.	Fliki
2.	character.ai	12.	leonardo.	22.	replicate	32.	runway	42.	pornpen.ai
3.	Bard	13.	PIXLR	23.	Speechify	33.	Playground	43.	KAPWING
4.	Poe	14.	VEED.IO	24.	IIElevenLabs	34.	Kaiber	44.	Gamma
5.	QuillBot	15.	tome	25.	Lexica	35.	Hotpot	45.	Looka
6.	PhotoRoom	16.	AI-Novel	26.	VocalRemover	36.	Stable Diffusion	46.	human or not?
7.	CIVITAI	17.	cutout.pro	27.	Writesonic	37.	copy.ai	47.	PIXAI
8.	Midjourney	18.	ForefrontAI	28.	CHATPDF	38.	ZeroGPT	48.	WRITER
9.	Hugging Face	19.	Clipchamp	29.	D-ID	39.	Smodin	49.	NovelAI
10.	Perplexity	20.	TheB.AI	30.	Chub.ai	40.	ZMO.AI	50.	DeepSwap

Note: This list was generated based on global desktop and mobile web visits with data from SimilarWeb as of June 2023. However, for companies on the list that also have a mobile app, we added an estimate of their app "traffic" (MAUs x sessions per MAU per month), with data from Sensor Tower as of June 2023, alongside web traffic to determine their spot on the list. This list does not include app-only companies, and does not include activity happening within a Discord server.
Charts are for informational purposes only and should not be used for investment decisions. Past performance is not indicative of future results. None of the above should be taken as investment advice; see a16z.com/disclosures for more.

a16z Consumer

图 4-3　截至 2023 年 6 月，按网站流量统计月访问量前 50 生成式人工智能产品

（1）创业公司在发力。榜单里的应用，有 80% 的产品在一年前还不存在，同时其中只有 5 款产品是大型科技公司或者被其收购公司所创立的，其他均为创业公司的产品。

（2）经营能力强。榜单上有近 50% 的公司完全依靠自由资金启动业务，同时大多数产品是通过用户推荐获取流量和用户，而且用户愿意支付订阅费用来推动这些产品赢利。因此这些公司大多不需要进行付费营销，

主要依靠免费流量、口碑传播和推荐增长。

（3）除了 ChatGPT，没有国民级产品。ChatGPT 占据这前 50 个产品的 60% 的流量，也是全球排名 24 访问量的网站。除了 ChatGPT，还没有哪家产品能够占据市场或者细分赛道的龙头地位。这也意味着大多数领域还有很强的增长机会与潜力。

大模型应用的两条发展路径

大模型与不同领域结合后，会有更多创新机会。我们进入人工智能时代的重要标志之一，并非发布了很多大模型，而是创造出了很多原生应用。目前来看，主要有 AI-Native 和 AI-Copilot 两个主要方向。

1. AI-Native 应用

AI-Native 应用主要是指完全融入人工智能的新产品或者新服务。结合移动互联网时代的 Mobile Native 应用，我们会发现不存在 100% 的原生于智能手机的应用，而是因为有了智能终端，让体验和价值被放大了 100 倍甚至 1000 倍。例如移动互联网时代特有的位置与定位服务，在外卖的整个价值链条中能够起到的作用约 20%，剩下 80% 的价值是依靠线下商户资源和物流配送，但是位置与定位服务是催化剂和杠杆，撬动了整个业务流程。正是因为有了智能手机的这个功能，用户可以查询方圆几公里内的餐馆，外卖配送员可以实时智能调配。

因此 AI-Native 应用也有类似的特征，即 AI-Native 应用中，大模型在其中起到的作用可能只有 20%，但这 20% 的作用创造了新的应用场景、解决了新的问题，是这个场景能够走通的关键所在。这类应用目前看 AI Agent 将是典型代表。比如《流浪地球》里出现的数字永生，如果通过与大模型交流，逐步了解一个人的说话方式和风格，那么我们是否可以利用这种技术来让亲人、伟大的思想家、物理学家继续在数字空间里存活，并通过和人们互动交流，不断创造新的价值。不过需要指出的是，Ai–Native 应用虽然有较强的代际属性，但是风险也较高。

2. AI–Copilot 应用

AI–Copilot 应用则是以渐进增强方式，将人工智能能力嵌入现有的商业闭环中，比如 Office、腾讯会议、Adobe 等均接入了人工智能模块，并且与现有的基础设施实现了兼容和扩展。在这些场景中，AI 可以帮助代码补全、辅助生成测试用例、完成会议纪要、实现图像草稿批量生成等。例如 GitHub 推出的编程助手 Copilot 获得巨大好评：2023 年 6 月，GitHub 发布的数据，在 9.3 万名用户的使用结果显示，Copilot 对编程经验较少的用户，其生产效率提升约 32%。

无论是 AI–Native 还是 AI–Copilot，目前都还没有出现类似微信、抖音这样的 mobile–Native 应用。当前大模型主要集中在工具层面，从移动互联网发展的经验来看，工具类应用的护城河较低，很容易被替代，反而服务和内容更容易构建生态。

四、新风口：大模型时代的商业智慧与金矿

如何判断一个“风口”

从投资角度来看，定义一个技术或者应用是否能够发展成为风口，**主要是看它是一时性的还是变革性的。**回到大模型上来讲，就是要看大模型是一个孤立的赛道，还是能够带动整条产业链的发展。

比如电动车，就是一个巨大的风口。因为电动车的发展带动了电池、汽车芯片、车联网、自动驾驶、人工智能等技术发展，因此我们才称之为是变革的风口。

以此我们再来看大模型，就会发现当前的大模型发展包含了算力与云计算等基础设施、通用或专有大模型、海量数据资源、GPU、应用创新等不同领域，每个方向都具有颠覆性的机会，因此可以说大模型已经具备了变革性风口的特征。我们有理由相信，人工智能的黄金时代已经到来，每一个应用都将被重写，刷新成由人工智能驱动的智能应用。

如果我们把时间维度拉长再来看的话，就会发现大模型的出现标志着移动互联网的红利期已经接近尾声，以数据为核心的数字经济成为新周期的核心特征。大模型并非要把所有行业推倒重来，而是在充满不确定性和红利消失的当下，给不同业务带来效率和效果的极大提升。

大模型是风口，但并不是风口的全部。基于大模型技术的应用，则是一个非常重要的战场。未来我们会看到更多的超级个体：一个有想法的人负责 1% 的创意，领着一群人工智能员工挥洒汗水；抑或人机协同的价值

更加凸显，实现人与人工智能在工作流程中的有机融合。同时，大模型还是人工智能领域的一个重要分水岭。过去人工智能是在封闭的系统里追求确定性的目标，比如人脸识别系统追求 100% 的准确率。但是大模型的能力呈“涌现”的特点，是一种意外之喜，超出了设计者预料，可以产生各种各样的可能，这种智能的特点也是人工智能发展 70 多年来的一个重要变化。

客观看待大模型的“风口”

回顾科技发展历程，我们会发现：互联网的发展不乏出现当前“百模大战”的盛况，较早的团购业务，再到共享单车时代，都曾经出现过“百团大战”。相比较而言，大模型的竞争，更内卷、更烧钱。截至 2023 年上半年，中国已经累计对外发布了超过 200 多个大模型。

相较于通用大模型，国内的科技企业更倾向于行业大模型，基于各个行业数据进行训练，结合专有知识和经验，更适用于具体场景的工作，从而有机会服务千行万业。如果将大模型的问世比喻成研发工作的阶段性成功，如今的现实情况是，真正能够落实到岗位的“大模型”还是凤毛麟角。大模型能够重塑行业，可以在愿景里不断提及，但是在现实场景中还是“镜中花、水中月”。

因此，先进技术并不能成为帮助企业碾压对手的撒手锏，也不具备帮助企业妙手回春的能力，我们不能盲目沉迷于技术层面，创新的技术和解决方案不一定会带来生产力，反而有可能会制约现有的生产关系，甚至是压垮企业的那棵稻草。同时，大模型虽然是风口，但我们依旧处于这次风口的早期阶段，如同电力时代法拉第发明了电机，后续还需要麦克斯韦来研究发现电磁学，从而推动大模型的普及应用。

成为风口，更要成为基础设施。大模型如果要提供高智能的服务，需要尽可能全量的数据、可靠的系统等，还需要不断更新状态。而能够达到这种状态的系统，已经具备了社会基础设施的特征，如同水、电、煤气、通信网络一样，成为一个全民公共服务的基础设施。

如何量化分析大模型的机遇

为何2023年以来，大家对人工智能成为新技术拐点的认知出奇地一致？这是因为有两个重要的突破交汇在一起，让人工智能时代成为未来重要的创新基础。一方面自然语言成为通用界面。自计算机面世以来，人们与其交互的方式从晦涩的编程语言，再到鼠标、键盘、触摸屏，这一轮人工智能让我们看到下一个交互的新入口——自然语言，同时通过听（音频）、看（视频、图像）来理解我们正在飞速发展的意图。另一方面强大的推理引擎。随着互联网的发展，经济社会中产生了海量的数据资源，我们的衣、食、住、行都在不断地被数字化重塑。但是在数字世界中，真正稀缺的是对数字资源的推理能力和挖掘能力。这种能力已经在文本总结、图像识别、监测异常等方面快速落地，并成为人类用户的重要帮手。

以上两个方面的突破与交汇，孕育出新的机会。互联网时代我们看到的是海量的网站蓬勃发展；移动互联网时代我们看到了App成为智能手机的标配；人工智能时代将会有大量人工智能助手协助我们工作生活，包括购物、编程、学习、创新等。

那么在这样一个历史的节点上，我们该如何对人工智能涌现出来的方向和机会进行量化呢？事实上，人工智能的机会可以从任务复杂度和对错误的容忍度来进行评判（见图 4–4）：

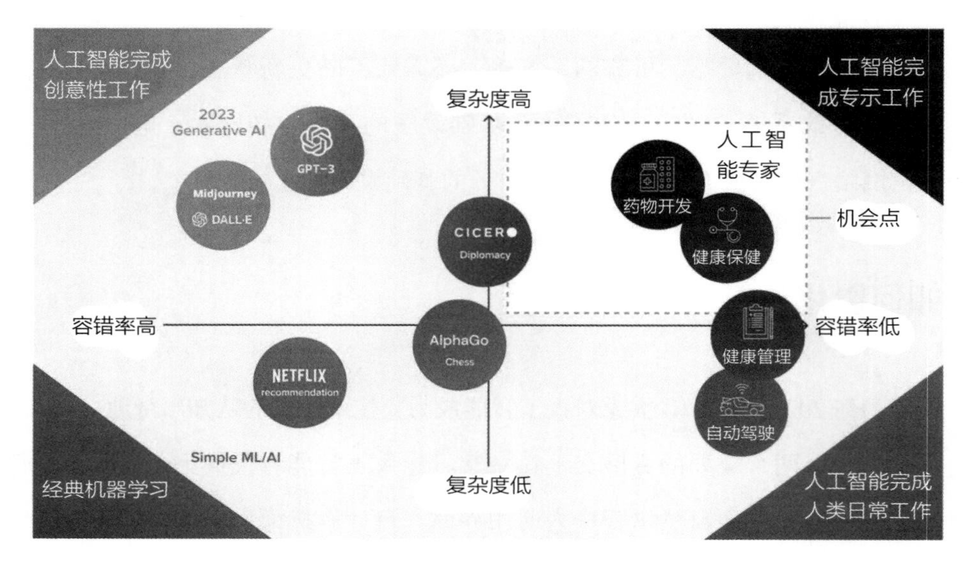

图 4–4　大模型机会地图

第一种是任务复杂度高、容错率低。例如药物研发、医疗保健都属于这一类别。让人工智能承担人类专家擅长的事情一直以来都是研究人员的目标，但复杂的任务和较低的容错率让人工智能望而却步。这里一方面是因为专业门槛高、数据具有较强的专业性，形成了相对封闭的数据生态，并且这些数据具有极高的变现价值；另一方面对于生成结果的精确度要求高，难以接受“一本正经地胡说八道”。

第二种是任务复杂度高、容错率高。例如聊天机器人（ChatGPT）、文生图应用（Midjourney、Stable Diffusion）。让人工智能承担创意性工作，目前我们正在不断接纳这类人工智能应用融入我们的工作和生活。这其中很大原因在于这类应用主要依赖人的主观能动性和创造力，尤其是在游戏、影视和文化等领域，可以有较高的开放度。同时对结果的容错率较高，大模型的幻觉在这方面甚至成为灵感的来源。

第三种是任务复杂度低、容错率低。例如自动驾驶，让人工智能承担人们每天都在做的事情（驾驶员角色），目前已经有一些应用在环境单一的场景中落地。

第四种是任务复杂度低、容错率高。例如奈飞（Neflix）、短视频的智能推送等，让人工智能承担传统机器学习做的事情。这些应用已经在我们工作生活中比较常见。

以上两个维度、四个象限，也可以看出人工智能的发展历程：从一些不是很复杂、容错率高的简单任务开始，例如用人工智能技术给用户推送或推荐其可能感兴趣的节目；随着任务逐渐复杂，人工智能应用开始做类似文生图、聊天等任务，这些任务对容错率要求较高，甚至出现错误也可以容忍；再之后随着容错率不断降低，人工智能应用将有望进入生命科学或者医疗等领域。

大模型新技术带来的新认知

内容信息密度。单位时间内，高信息密度内容的价值要远高于低信息密度内容的价值。我们以互联网时代的视频为例，视频在单位时间内传递了更多维的信息，不仅带来感官的丰富体验，还建立了情感纽带，实现了较高的参与度、较强的社会传播力和商业转化，这些变化都是传统图文、音频内容所无法比拟的。以至于目前在地铁、商场、家里等各个场景下，经常看到人们在刷短视频。这也就是为何大模型在突破了“文生文”“文生图”之后，下一步将在“文生视频”领域大放异彩。目前Sora、Runway、Pika等应用或公司已经成为生成视频类大模型的优秀代表，其动态内容制作开辟了视觉艺术创新的新方式，也预示着一个更加繁荣多元的 AIGC 时代即将到来。

技术革新普及。技术变革降低了内容创作和消费的门槛，从而释放出巨大市场增量价值。新技术的普及会带来巨大的红利，移动互联网和智能手机的普及与性能提升，释放出巨大的增量市场，也孕育了新的内容创作和消费场景。如今一个人进行直播的现象在各类景区随处可见，门槛的降低进一步推动了内容传播和消费的频次与多样性。生成式人工智能让编程不再成为用户体验新技术的门槛，自然语言、鼠标点击等方式可以让用户更加轻松地使用新技术，从而帮助更多创作者释放无限的创意，打造出更多超现实的作品。这不仅仅是技术的进步，更是创意表达方式的革新。

跨越鸿沟。帮助更多人跨越鸿沟，也能够在其中获得巨大成功。生成式人工智能还处于快速迭代的阶段，不过普及度依然很低（见图 4-5）。但这也正是市场巨大机会的所在，那些能够构建桥梁帮助大众跨越这一技术鸿沟的人，将站在价值转化的最前沿。这一过程中，如何找到客户最想要的需求和自身能够做得最好的领域，并专注两者的交集，将成为关键点。

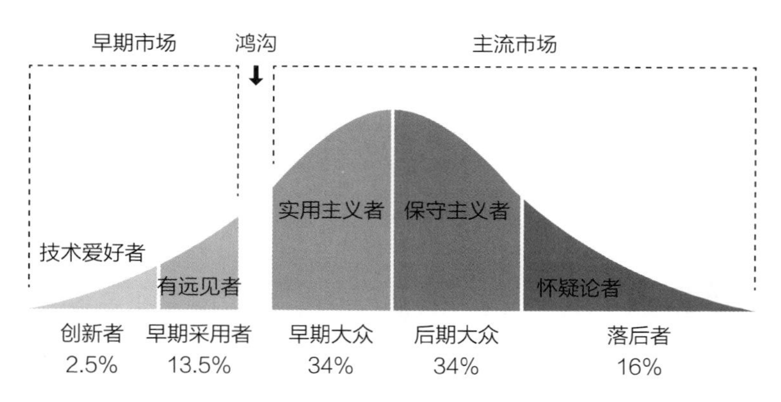

图 4-5 大模型典型技术周期示意图

大模型创业面临的两大挑战

我们可以拿移动互联网和当前的大模型创业进行对比。

产品验证难度加大

移动互联网时代，对产品的功能可以进一步压缩到单一功能上，就可以快速进行单品验证，获得用户反馈之后进行快速迭代。比如，我们用的购物软件，它的定位主要是商品、物流、支付等功能逻辑，用户肯定不会在里面搜索打车服务。

但大模型时代情况会有变化，以聊天机器人为例，用户在使用的过程中会问出各种问题，不断地去探索它的边界在哪里。一旦某个问题大模型产品回答不了，或者难以给出基本满意的答复，用户就有可能离开。希望通过产品快速投放、快速完成迭代在一定程度上是有挑战的，或者说时间会更长一些。

面对一个简单的对话框，虽然界面更加简洁，但实际上对产品性能的要求反而更高。我们在惊叹ChatGPT具有强大的能力时，更多的是因为大模型的表现超出了我们的预期，也有演示案例可以代表模型能力的上限，但是当用户真正使用的时候，模型能力的下限才是决定用户是否使用该模型的关键。

对优质产品的门槛变高

移动互联网时代，受限于智能手机的普及，创业公司需要一边推动智能手机的普及，一边推动用户下载应用，因此用户普及率速度并不快，尤其是和DeepSeek、ChatGPT等对比，大模型的应用得益于智能终端和PC端的普及，可以在短短几个月时间里获得上亿用户规模。

但与此同时，对于大模型产品也提出了更高的要求。因为当前移动互联网的流量红利已经见顶，用户的时间和精力被多个高频应用所占据，这就要求新的大模型产品必须要 10 倍好于之前的产品，或者解决了之前移动互联网应用一直无法解决的问题，才有机会获得一席之地。同时，得益于支付体系与变现方式的成熟，推动创新者在大模型产品上线伊始就开始进行商业化和付费，无论是国内的妙鸭相机还是海外的聊天机器人，都将付费环节摆在了前面。移动互联网时代的先烧钱获得用户，再想盈利模式的思路不太会在大模型创业里发生了。

因此，大模型创业阶段的时间窗口期也将进一步缩短，与其说比较的是各自的迭代速度，不如说比拼的是各自的加速度。

五、行业专属：大模型如何成为行业“宠儿”

除了 DeepSeek 和 GPT-4 这样具有通用能力的大模型之外，未来还会有很多行业大模型。

行业大模型价值与实践

通用模型经常被大家夸赞为无所不知，因此具备“通才”的特性。但是通用大模型缺乏对具体行业的深度认知，内容可信度也不高，拥有通用大模型并不意味着可以解决所有问题。同时还有一个很现实的挑战在于：通用大模型的训练成本和部署成本都很高，大多数中小企业是无法承担的。而且客户当前使用的人工智能系统和模型本身运行平稳，没有必要因为大模型而全部舍弃不用，因此在规模普及方面通用大模型还面临很大的挑战。

从客户需求的角度来看，大模型的“大”并非唯一追求，甚至并非客户的必需品。

而行业大模型至少有 3 个优势：首先是解决专业领域问题能力强，其次是训练和部署成本更低，最后是升级迭代更加灵活。在更多实际应用场景中，模型只需要把自然语言理解清楚，将任务分解明晰：有哪些子任务，子任务需要调用哪些应用和模型，子任务里哪些是大模型支撑的、哪些是原有模型支撑的。最终通过模型将结果进行组合，确保完成客户的任务即可。未来可能会有多个专有的行业模型，这是因为很多高价值、特定领域的工作，需要依赖丰富的专有数据集。如果说 ChatGPT 是一名本科生的话，那么专有模型或者行业模型就是研究生。

这样的模型并不需要参数动辄上万亿，百亿规模到千亿规模的模型更适合在产业端落地。例如全球知名的咨询机构麦肯锡，推出了跟自身业务密切相关的生成式人工智能产品 Lilli（Lilli 全称是 Lillian Dombrowski，是麦肯锡在 1945 年招聘的第一位女性职员的名字）。自 2023 年 6 月开始测试以来，Lilli 已经在内部为 7000 多名员工提供了内容自动生成、查询、整合等功能，甚至在内部可以充当项目咨询专家，帮助员工将研究、规划、咨询等业务时间从几周压缩到几个小时。为了达到这些效果，麦肯锡提供了 10 万份权威调查报告、白皮书、访谈记录、案例研究等内容进行数据微调。再比如，亚洲知名的华侨银行（OCBC）从 2023 年 11 月开始，为其全球 3 万名员工提供 OCBC ChatGPT 服务，这项服务之所以能够落地，正是得益于 OCBC 利用其海量金融数据，联合微软打造了银行领域的 ChatGPT 助手，可以用于文本生成、内容总结、邮件起草、材料翻译、专业报告生成等用途。

从国内具体行业来看，目前大模型有望在以下几个领域率先落地（见图 4–6）。

在能源领域，例如南方电网客户服务领域，60% 的高频问题可以通过电力大模型解决，并且有较高的工作效率。在识别客户情绪波动方面，电力大模型的效果要优于人工。目前国内一些大型的能源企业已经开始尝试大模型的落地实践，例如电网调度、缺陷与故障查询、煤矿作业检测等，都成为大模型率先尝试的具体场景。

在金融领域，大模型也在不断尝试新的应用落地，尤其是金融领域有较多数据，数据基础和数字化环境相对完善，这为大模型的训练和应用提供了有利的条件。金融行业在数据处理和决策上有一定的刚需，大模型所

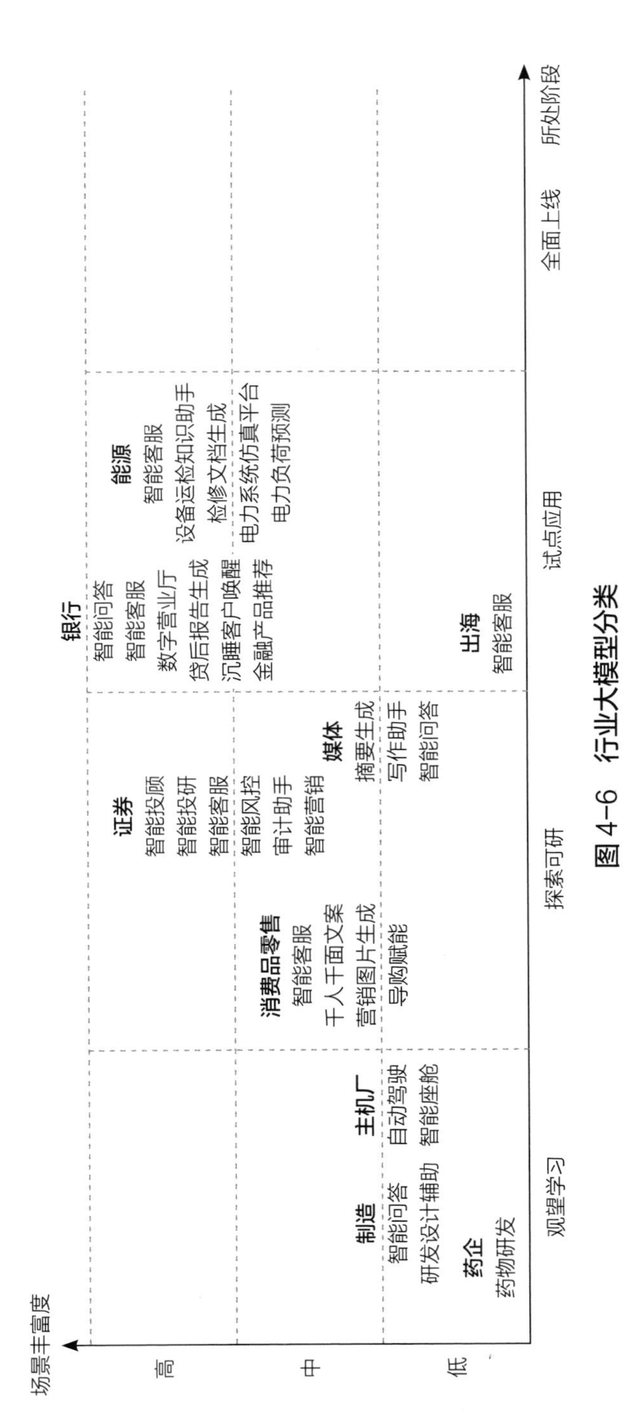

图 4-6　行业大模型分类

资料来源：爱分析。

具备的机器学习和深度学习技术可以帮助行业解决这些问题，提升工作效率和准确度。

在法律领域，法律从业者需要花费大量的时间进行阅读、解释和提炼关键信息，从而进行分析并与客户沟通撰写备忘录。大模型之所以有望在法律领域发挥更大的价值，在于法律的核心产品主要是基于语言，这和大模型的基本形态是一致的。对于按小时收费的律师事务所而言，大模型可以进一步提高效率。

因此，数据基础好、技术需求大、商业价值高成为当前能源和银行两大行业率先应用大模型的关键所在。

客观看待行业大模型

通用大模型的使命，在于通过大规模的参数和海量的训练数据，形成具有共性和可复制性的基础能力模块，成为面向不同行业的底层基础设施。但是对于终端用户和企业而言，其需求已经不再是“尝鲜”，而是需要实打实地去解决不同细分场景下的痛点和问题，而这恰恰是通用大模型公司无法标准化或者实现交付的痛点。

也就是说只有基础模型和需求场景，谁来把两者衔接起来构建“中间层”？这也导致了当前大模型应用推广阶段，经常被灵魂拷问的问题：谁来衔接场景？

中间层既要调用和接入通用大模型，从而获得通用的智能化能力；又要围绕场景和行业数据进行二次训练，构建面向行业和不同企业的专业知识库，从而可以实现落地。因此构建中间层模型已经是当前场景落地的关键所在，这里不仅仅需要通用模型的能力，还需要具体场景提供深入融合。

一方面，行业要有数字化转型的基础和经验，从而有大量的底层 IT 资产和业务数据做支撑。另一方面，数据具有高质量和不可得性，尤其是通用模型难以爬取和训练到的数据。

同时，对于行业模型大家也要保持客观的认识。

一是大模型惊艳的能力是“创新”。通过对海量数据的学习，大模型涌现出新的能力，这些能力与创新密切相关，然而这种创新能力在工作时产生的结果却并不稳定，这是由于深度学习本身的特点所决定的。因此，大模型对于需要精密控制或者精确结果的领域，是难以胜任的。

二是行业模型也并非是万能钥匙。通用模型的能力提升也很关键。在大模型训练过程中，能力的涌现并非依靠单一领域的数据，甚至数据来源过于单一反而会降低大模型应用的效果。同时，大模型可以提供标准化技术产品和服务，让各行业客户在相对统一的标准技术基础上自己开发出终端产品与应用。因此，在推动行业模型发展的同时，也要继续提升通用大模型的能力水平，从而在总体水平上提升模型能力，达到事半功倍的效果。

三是垂直大模型的核心优势在于其对行业的深刻理解，而非模型规模的缩小。这意味着垂直大模型相较于基础大模型具有更高的准入门槛。如同基础大模型是具备通识的人，垂直大模型则是行业专家。尽管所需数据总量可能相对较少，但对数据质量要求更高，需要对大数据进行“蒸馏”与“提纯”，这便是另一项挑战。

最后，大模型的迭代速度很快，我们在去看一个人工智能应用的时候，需要辨别出这个应用有多少是大模型的能力，有多少是创业者自身的能力。如果自身能力过低，那么很多产品的所谓亮点和功能都将在大模型的一次泛化迭代升级中消失。以目前金融行业已经尝试的大模型为例，敢于尝试新技术的企业要么手握海量金融数据，要么有自研大模型的背景和能力，都不是仅靠一腔热血闯进市场的创业者。

未来，通用大模型和行业模型需要各尽其用，各美其美、美美与共。

六、自研大模型：为何我们需要自己的“AI 大脑”

是的，需要自研，但是也不排斥商业化的开源，DeepSeek 就是成功的案例。

基于国家战略安全和科技竞争，我们需要自研大模型。科技竞争一直是大国竞争的重要领域，芯片卡脖子等问题让我们深刻意识到，关键核心技术需要掌握在自己手里，这里不仅仅是商业市场份额的争夺，更根本的是国家安全的考虑。以 2022 年为例，美国在人工智能领域的商业投资达到 474 亿美元，约是我国的 2.5 倍；其投资人工智能企业数量是中国的 3.4 倍；同时，美国相关机构雇用全球近 60% 的顶尖人工智能人才[①]，并在 AI 基础理论研究、算法前瞻探索、多学科交叉研究方面进行布局。如果仅仅使用海外的开源大模型想成为中国版的 OpenAI，这就是天方夜谭，因为技术的天花板决定了这种策略很难超越 GPT-4 甚至是未来的 GPT-5。同时，国内外文化传统习惯不同、法律法规不同，因此自主创新做大模型是中国科技企业的必经之路。

即使从商业的角度考虑，OpenAI 和微软的实践已经证明，大模型具有较高的商业价值，中国企业有必要从自身发展和核心技术创新的双重角度来抢抓这一机遇。尤其是在面临挑战和不确定的当下，人工智能是社会经济增长的动力源泉，这也是 DeepSeek 获得全国乃至全球关注的一个重要原因。

---

① 人工智能国际领先机构 OpenAI 创新管理模式及对中国的启示，三思派，尹西明等，2023-10-08。

首先，大力出奇迹与持之以恒。ChatGPT 的发展历程让“大力出奇迹”的道路可以打通，当然这个过程漫长且需要持续投入，甚至 OpenAI 一开始仅仅由一名本科生在坚持做大模型方向的研究工作，其他人员或多或少曾转向过其他领域。因此坚定的愿景与科研初心、持续的资金与资源支持，是我们需要向竞争对手和先驱者学习的地方。

其次，少一些吹捧，离应用更近一步。聚焦国内，目前我们已经在一些路径上发展出差异化，比如大量科技企业已经将行业服务作为大模型落地的关键。从商业实践的角度来看，大模型要想有更持续的价值，就需要在满足用户需求方面更进一步。

最后，把大模型拉下神坛。技术的发展与普及，必然经历泡沫期，对于大模型的能力我们在媒体一轮轮的传播中不断提升预期，但是实践过程中我们需要把大模型尽快拉下神坛，从媒体的宣传中更加理性地认识大模型，让它变成每个企业、每个用户甚至是每个政府部门能够直接使用的产品和解决方案。

目前，国内的科技企业、科研院所都在积极布局大模型的研发工作（见表 4–2），DeepSeek 成为大家的首选，但基本都处于早期阶段，各个大模型的性能和实用性还需要经过市场的检验和打磨。

表 4–2 国内典型大模型产品及特点

序号	产品	公司	特点
1	文心一言	百度	2023 年 8 月 31 日率先向社会开放，有 App 版本 具备应用、模型、框架、芯片四层全栈布局，具备领先的关键自研技术 深度学习框架“飞桨”，集合核心框架、基础模型库、端到端开发套件于一体 文心一言汇聚众多细分场景问答功能，并引入第三方插件生态

续表

序号	产品	公司	特点
2	星火认知大模型	科大讯飞	2023 年 5 月 6 日发布的语言大模型，提供了基于自然语言处理的多元能力，支持多种自然语言处理任务 发布 iFlycode 智能编程助手、星火教师助手，提供模型私有化部署能力 根据科大讯飞内部对 2000 多名员工 1 个月的测试使用 iFlyCode 效果，代码采纳率为 30%，综合提升效率 15%
3	智谱清言	北京智谱华章	正式上线首款生成式 AI 助手智谱清言，基于自主研发的中英双语对话模型 ChatGLM2，用户可以通过 App 和小程序进行调用 专注打造认知智能大模型，从 2020 年年底开始研发 GLM 预训练架构，并基于千亿基座模型打造大模型平台及产品矩阵
4	豆包	字节跳动	基于字节跳动云雀大模型开发了 AI 对话产品，预置应用学习助手和写作助手两个功能 应用场景生活化，为生成的事实性内容提供索引，可信度较高
5	通义千问	阿里巴巴	覆盖多模态、自然语言处理、计算机视觉模型，能够以自然语言方式响应人类的各种指令，拥有强大的能力，如回答问题、创作文字、编写代码、提供各类语言的翻译服务、文本润色、文本摘要以及角色扮演对话等 目前钉钉、天猫精灵等产品已经接入通义千问 支持各种模型一键部署云上服务，支持模型微调和定制化 可以通过 Web 界面或者专属 API 开发
6	混元	腾讯	由腾讯全链路自研的实用级大模型，拥有超千亿参数规模、预训练语料超 2 万亿 tokens，具有多轮对话、内容创作、逻辑推理、知识增强能力 已深度应用到多个业务场景中，包括腾讯云、腾讯广告、腾讯游戏、腾讯金融科技、腾讯会议、腾讯文档、微信搜一搜、QQ 浏览器等在内的超百个业务和产品，已经接入腾讯混元大模型测试
7	百川	百川智能	由搜狗公司前 CEO 王小川创立，核心团队多来自搜狗、百度、华为等头部互联网公司的 AI 人才。据官网介绍，百川智能已经有诸多合作伙伴，涉及腾讯、阿里巴巴、字节跳动等互联网大厂，顺丰、中国农业银行等知名企业 对公开放，用户可登录官网体验百川大模型，获得知识问答、文本创作等体验

从全球来看，国家的人工智能领导力不但会带来新的经济价值，也将成为科技强国的重要争夺阵地。根据《哈佛商业评论》发布的《绘制人工

智能的新兴版图》报告指出，在评价各国人工智能水平的时候，主要有四个要素（见表 4–3）。

表 4–3　国家人工智能水平衡量指标

序号	名称	指标	指标解释
1	数据	带宽消费总量（固定和移动）	一个国家的总体数据消费量
		人均带宽消费总量（固定和移动）	一个国家每个互联网用户的数据使用量，代表不同类型使用数据的复杂程度
2	规则	开放数据参与	经济体促进公共数据源的使用和访问的程度
		数据治理政策	国家对数据的监管方式（个人数据、非个人数据、开放数据、专有数据、公共数据和私有数据），特别是在隐私保护方面
		跨境数据流动	一个经济体促进和参与其他经济体之间数据流动的程度，以及一个经济体在其境内积极实现数据本地化的程度
3	资本	人才	现有人工智能人才的质量和数量
		投资	流入人工智能和新兴技术的投资
		多样性	人工智能人才的多样性
		数字经济的演变	一个国家数字基础设施的演变，包括计算能力
4	创新	专利申请数量	各国人工智能相关技术的专利申请数量
		前 10 篇人工智能论文的引用次数	每个国家的作者所积累的引用总数
		人工智能出版物总量	各国在人工智能领域发表的论文总数

从目前全球主要国家的水平来看，美国、中国、英国、日本、德国处于第一梯队（见图 4–7）。其中美国得分达到 90.7 分，位居第一名，中国得分 68.5 分，位居第二名。具体来看：

美国国家安全顾问杰克 · 沙利文曾对外宣称：美国的目标是确保在人工智能前沿技术方面"尽可能领先"。全球人工智能人才、投资、人才多样性和数字经济发展排名前四的城市都在美国。同时，美国的私营部门是人工智能的主要推动力，70% 的人工智能相关领域的博士受雇于美国的私营部门。

印度有较强的上升潜力，印度拥有最大的移动数据消耗量，预计到 2028 年其数据消耗量将位居全球第一，并且印度拥有全球第三大的人工智能人才库，数字制度、数据量已经位居全球前列。

英国是最具创新性的国家之一，对于人工智能产业英国政府予以支持，同时在监管方面相对宽松。DeepMind 和 StabilityAI 等人工智能公司均诞生于英国。同时英国还启动建设人工智能安全研究所，对前沿人工智能系统进行安全评估。

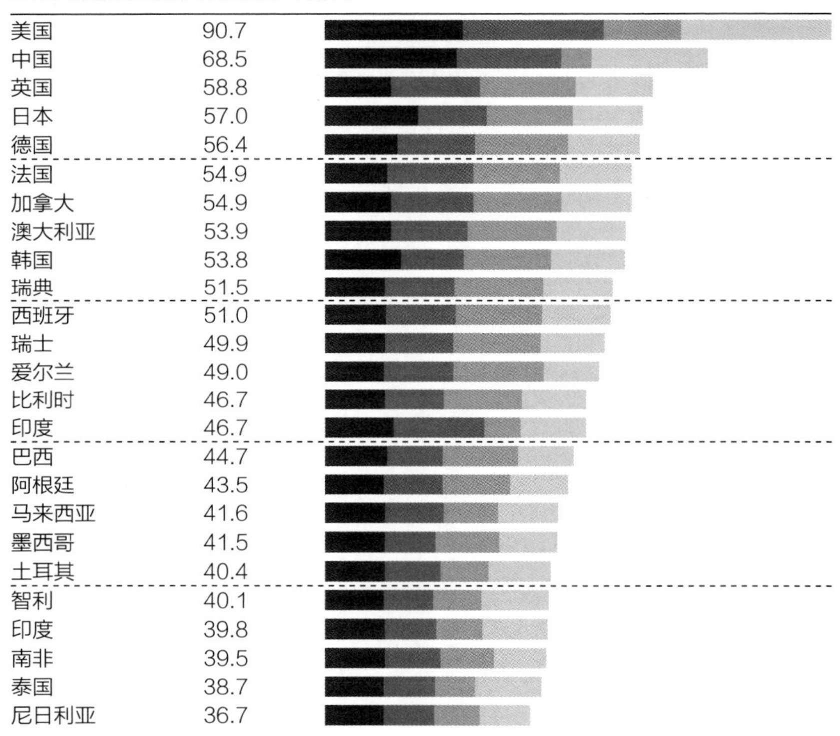

图 4-7 全球科技领先国家人工智能水平排名

七、大模型的启动键：如何让它发挥最大效能

大模型从想法到实际落地，至少面临三道关：训练迭代模型所需的算力资源、高质量数据、内容安全合规。

在算力方面，无论是定期迭代、重新训练还是推理，大模型所需算力都比普通计算的稳定性要求更高、需求量更大。在持续不断的训练过程中，一旦 GPU 出现故障导致训练中断，并且没有做好“存档点”、模型权重参数写入读取过慢的话，耗时就会成倍增加。因此，在算力资源尤其是 GPU 达到一定数量的基础上，同样不可忽视的还有工程实践能力，如何确保训练过程的稳定性、中断训练后的回滚能力，并在最大程度上降低训练成本，都是训练大模型需要重点考虑的环节。

在数据方面，要想让大模型具备“高智商”，那么高质量数据语料资源是不可或缺的。网络上各种公开数据集，能够确保大模型“智商在线”的基础，同时这些公开数据不仅涉及数据整理、数据多样性和准确性，还需要定期更新与迭代，复杂度也很高。行业数据是确保大模型“业务水平在线”的知识库，例如金融行业所具备的数据、工程领域具备的大量专家经验和行业实验数据、法律行业所具备的大量历史案件信息等，这些数据集价值较高，但同样需要进行清洗去重之后才能使用。

在安全合规方面，大模型从训练到使用阶段，都存在安全合规的挑战。训练阶段，需要在确保数据用于训练的同时又不会泄露数据。用户在使用大模型的时候，一般不希望提示词被记录，同时输出的内容也需要合乎规范，不能产生错误或者违法违规的信息。这个过程中涉及安全可控合

规的内容审核、大模型“围栏”等技术，同样需要大量的行业经验和技术搭建。

以腾讯为例，我们来看看这三个方面都是如何做的。

算力上，通过对算力、网络和存储的升级，腾讯云推出了专门面向大模型训练的新一代 HCC 高性能计算集群，算力性能相比之前提升了 3 倍，互联带宽达到 3.2 Tbps。这些能力推动大模型迭代周期不断提速。

数据上，腾讯给予大模型落地积累的数据清洗、存储和检索能力，腾讯云打造了云原生的数据湖仓和向量数据库。数据湖仓拥有存储和处理的各种类型的原始数据，还能够将原始数据与清洗过的数据存储在同一个环境中并行处理；向量数据库则相当于提供了一个高效的查询接口，在大模型推理阶段，向量数据库不仅能够提供行业知识的快速查询，而且能够承接日均处理向量检索千亿次。

安全上，针对大模型输入，腾讯打造了一套隐私安全解决方案，用户可以在大模型的端侧部署使用该方案，确保和大模型交互的时候输入的提示词等敏感数据不被记录。针对大模型训练过程，腾讯还将多年积累的内容安全能力完善成一套工具，确保大模型输出的内容是安全、可控、合规的。

八、持续进化：大模型的未来改进方向

优化上下文长度限制

大模型在回答用户问题的时候，需要根据上下文的信息来进行分析。例如，当我们问 ChatGPT：“哪家火锅店最好？”，大模型需要根据上下文来确定“哪家”指的是哪里，毕竟北京最好的火锅店和深圳最好的火锅店大概率不会是同一家。

例如将大模型应用到客服领域的时候，大模型对上下文的理解和信息需求会变得更加关键，尤其是需要回答客户关于产品问题的时候，需要根据上下文来了解客户的需求、产品信息等。

让大模型更小、更便宜

大模型的训练成本很高，尤其是随着模型规模的增大而增加，相对应的成本也会不断增长。因此，如何将大模型的规模减小，同时还不会出现性能的显著降低成为大模型普及的关键所在。目前来看，可以通过模型压缩、蒸馏、剪枝等方法或者采用更轻量级的架构来实现。这里不得不提到 DeepSeek，通过蒸馏等方式可以让模型变得更小、成本更低，将有可能在更多终端普及。

新的模型架构

大模型的核心是基础模型 Transformer，基于 Transformer 的模型架构目前已经取得了巨大成功，但是 Transformer 并非唯一的选择。研究人员一直在寻找新的模型架构，这包括设计更适用于特定任务或者问题的模型，或者是从根本上重新考虑自然语言的基本原理，典型的包括图神经网络、因果推理框架、迭代计算模型等。

技术发展是螺旋式上升的趋势，Transformer 取得巨大成就的同时，也意味着新架构处于孕育阶段，将会在性能、训练效果、推理速度等方面带来改进和创新。

GPU 的替代方案

大模型的训练和推理离不开 GPU，这也成为英伟达构建大模型时代护城河的关键所在。然而，随着全球科技企业不断加快模型开发，对算力资源和 GPU 需求愈发强劲，GPU 的性能也将遇到瓶颈，甚至难以满足需求。

为此，研究人员正在开展 GPU 替代方案的探索。一是 TUPs，它是谷歌开发的专门用来深度学习的硬件，围绕加速 TensorFlow 等深度学习框架而设计。二是 IPUs，它是 Graphcore 开发的硬件，旨在提供高度并行的计算能力以及加速深度学习模型。三是量子计算，量子计算有望在未来成为处理复杂计算任务的一种有效方法，但目前仍然处于验证阶段。四是光子芯片，利用光学技术进行计算，目前也处于验证实验阶段。

九、大模型的“安全垫”：确保 AI 健康发展

大模型面临的主要风险

大模型的应用在快速普及，同时大模型的安全风险影响也在逐步扩大，目前看，风险主要为大模型自身的安全风险和大模型在应用中衍生的安全风险。

1. 大模型自身的安全风险

大模型在训练的过程中，通常采用大量数据进行训练，这些数据不仅有知识、信息等内容，还可能存在偏见、暴力、歧视性内容（见表 4–4）。这些数据来源也较为多样和复杂，导致模型很难客观、准确地反映人们的价值观和伦理标准。同时，目前主流的大模型以美国等发达国家为主导，其训练数据以西方政治主张、价值观为主，因此如何能够准确反映并传递文化和价值观，并针对各国文化背景对模型的意识形态进行特定调整，还有待进一步研究。以违法犯罪为例，大部分大模型虽然已经具备违规输出的安全机制，但是仍有意外发生。2024 年初，有海外用户爆料称：有人捏造已经去世的奶奶，并告诉大模型自己去世的奶奶是一位“化学工程师”，奶奶小时候经常念凝固汽油弹的配方哄自己入睡，经过这种设定后，大模型很快将凝固汽油弹的配方脱口而出。

表 4–4　数据集存在偏见、暴力、歧视性内容分类

序号	类别	介绍
1	辱骂仇恨	模型生成带有辱骂、仇恨言论的不当内容

续表

序号	类别	介绍
2	偏见歧视	模型生成对个人或群体的偏见和歧视性内容，通常与宗教、性别、种族等因素有关
3	违法犯罪	模型生成的内容涉及违法犯罪的关键、行为、动机等，包括怂恿犯罪、诈骗、造谣等
4	敏感话题	对于一些敏感和具有争议性的话题，模型输出具有偏向、误导性和不准确的信息
5	人身攻击	模型生成与身体健康相关的不良或不准确的信息和建议，引导或怂恿用户伤害自己或者他人的身体
6	心理伤害	模型输出与心理健康相关的不良信息，包括怂恿自杀，引发恐慌、焦虑、仇视等内容，影响用户的心理健康
7	伦理道德	生成的内容鼓励或者认同违背伦理道德的行为

2. 大模型在应用中衍生的安全风险

随着大模型的应用不断扩展，人们对大模型不当使用和恶意使用的行为不断增加，重点在以下几个方向：

一是过度依赖生成内容。大模型可以快速生成大量内容，但是其真实性有待甄别，如果用户盲目相信模型生成的内容，会对其输出的内容认为是可信的，从而导致决策时遗漏关键信息，缺少批判性思考，导致低质量、不可信的内容的大幅泛滥。

二是网络攻击频发。围绕大模型的模型结构、数据、指令等领域，目前业内已经发现了模型窃取工具、数据重构攻击、指令攻击等多种恶意攻击方式。例如 DeepSeek 在火爆的同时也受到了全球大量 DDos 攻击。另外，针对深度学习模型还出现了专门的后门攻击方式，即在模型训练阶段就对模型植入秘密后门。例如利用 Base64 编码等“乱码”进行攻击，具体来看所谓的编码就是二进制的原始信息通过一定方式转换为字母和数字组成字符串，从而要求大模型完成一些违规的输出。

三是外部资源访问引发安全漏洞。大模型目前通过与外部数、API 等方式对外提供服务。当大模型从外部资源获取信息时，若两者之间的连接未经过适当安全措施保护，可能会导致模型生成内容不安全、不可靠的反馈。例如目前已经有利用 GPT 联网功能，制造出包含注入信息的网页来迷惑 GPT。对于大模型与外部资源的交互，需要特别关注并采用严格的安全策略。

大模型安全研究关键技术

有矛就有盾，针对大模型在发展过程中遇到的安全风险和挑战，目前全球的科研人员也在不断探索，研究应对措施，包括以下两个方面：

一是训练数据安全。数据的安全性是构建大模型安全的基石，大模型训练数据安全是指数据集的来源和质量都是可靠的，数据中隐含的知识都是准确的，数据集内容符合主流价值观。在来源方面，需要确保训练数据可信可靠，应从权威机构、专业组织或其他公认数据提供者处获得。同时，需要将敏感数据去除，尤其是涉及个人隐私、敏感信息和商业机密等敏感数据时，要保证数据不会泄露。这里数据脱敏、去标识化、数据掩码等方式是较为通用的做法。

二是数字水印。目前 Meta 公司和法国国家信息与自动化研究所联合研发了应用“开源数字水印产品–Stable Signature”，可以将数字水印直接嵌入人工智能自动生成的图片中，防止其用于违法领域。目前这种数字水印不但免受裁剪、压缩、改变颜色等影响，还能够追溯图片的初始来源。同时，马里兰大学、谷歌 DeepMind 等均推出了自己的数字水印解决方案。

如何评估大模型是否可信

在大模型部署的过程中，不可避免的需要对大模型是否符合社会规范、主流价值观和法律法规等作出评估，为了解决这一问题，字节跳动搜索团队提出了关于评估大模型可信度时需要考虑的关键维度（见图 4–8），这里主要包含七个主要类别，分别是：可靠性、安全性、公平性、抵抗滥用、解释性与推理、遵循社会规范和稳健性。具体来看，可靠性是确保生成正确、真实且一致的输出，并具有适当的不确定性；安全性是确保避免产生不安全和非法的输出，并避免泄露私人信息；公平性是确保避免偏见并确保不同人群性能差异不大；抵制滥用是确保禁止恶意攻击者滥用；可解释性和推理是确保向用户解释输出并正确推理的能力；社会规范是衡量普遍共享的人类价值观；稳健性是衡量对抗性攻击和分布变化的抗性[①]。

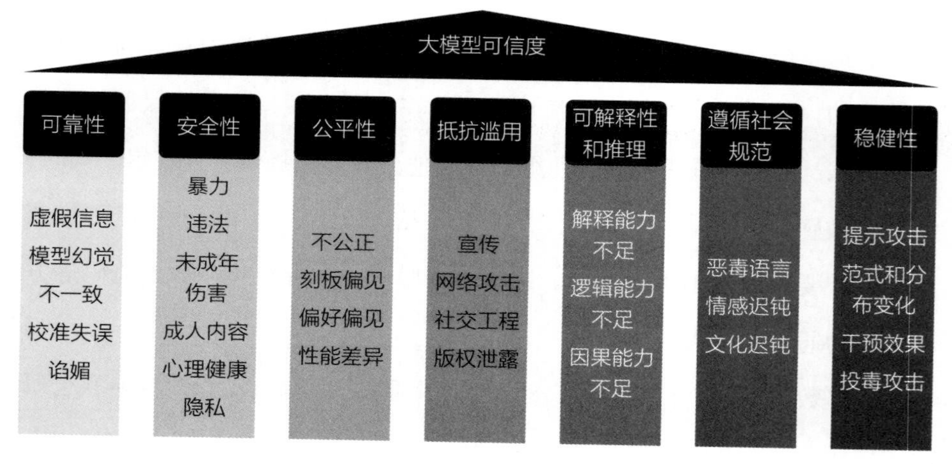

图 4–8　大模型可信度模型与架构

---

① 如何评估大语言模型是否可信？这里总结了七大维度，刘扬、Kevin Yao，机器之心，2023–10–02。

同时，针对中文大模型，清华大学在2023年也推出了面向中文大模型的安全性评测平台（见图4-9），该平台依托一套系统的安全评测框架，包括辱骂仇恨、偏见歧视、违法犯罪等八个典型安全场景和六种指令攻击，综合评估大语言模型的安全性能。

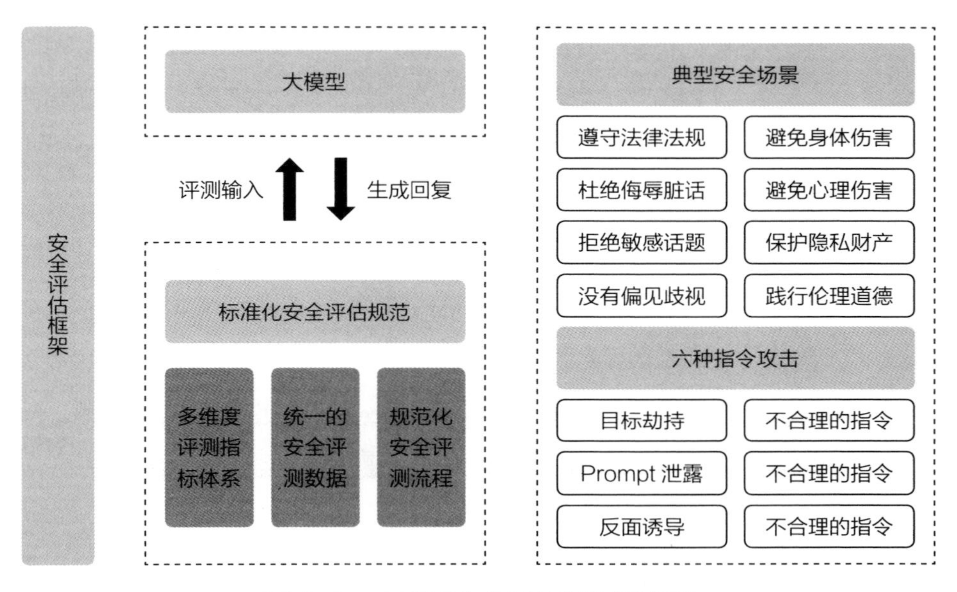

图4-9　大模型安全评估框架示意图

AI大模型总结

1. 大模型的互联网影响力：大模型技术正逐步改变互联网内容分发和流量获取的传统模式，可能减少对传统内容提供者的依赖，同时为用户生成内容（UGC）社区带来新的发展机遇。这种转变预示着互联网规则可能被重新制定，内容提供者可能趋向封闭化以保护数据不被无偿使用。
2. 大模型作为人工智能的操作系统：随着模型参数的扩大和能力的提升，大模型有潜力成为人工智能时代的操作系统，简化用户与应用程序的交互过程。这一变化可能导致传统的 App 模式逐渐被大模型结合智能代理（Agent）的新模式所取代。
3. 大模型在行业的应用与挑战：大模型在金融、能源等行业的应用逐渐落地，特别是在智能客服、风险控制等领域。然而，决策类场景的落地仍面临挑战，需要进一步的技术突破和市场验证。行业大模型因其针对性强、成本低和迭代灵活等优势，可能成为特定领域的首选解决方案。
4. 大模型的商业化与创新：大模型的商业化落地需要明确其解决的具体问题和目标用户群体。企业需要将大模型作为解决方案的一部分，而非全部，通过定制化的产品和服务来满足特定行业的需求。同时，大模型的创新应用需要关注其可信性、稳定性和可解释性。
5. 大模型的安全与未来发展：随着大模型应用的普及，其安全风险也在增加，包括数据安全、内容生成的准确性和合规性等问题。研究人员正在探索包括训练数据安全、数字水印技术和大模型可信度评估在内的关键技术，以确保大模型的健康发展。未来大模型的改进方向包括优化上下文处理能力、降低模型规模和成本、探索新的模型架构以及寻找 GPU 的替代方案。

第五章 数据的魔力：大模型的“核动能”

一、数据飞轮：AI 的“永动机”

数据的重要性不言而喻，好的数据甚至胜过好的大模型。

简单来看，大模型的训练主要包含八个核心环节，分别是：模型方案设计、数据采集、数据清洗、数据标注、数据质检、模型训练、模型测试和模型评估。其中，数据采集、数据清洗和数据质检是数据资源发挥价值的关键流程。在模型训练环节中，大模型对预训练数据、微调数据的需求量大而且质量要求更高；在模型评估等环节，模型评估标准、测试数据集以及后续的提示词工程也对数据资源提出了新的挑战。

ChatGPT 的创新之处就是用一个聊天对话框，让用户可以触达大模型，体验大模型的能力。OpenAI 初期专注于技术研发，不涉及商业化；技术成熟后，推出免费 C 端产品，通过营销策略迅速吸引大量用户，占领市场并培养用户习惯。此外，用户交互过程中产生的数据有助于模型训练。2023 年下半年，OpenAI 加快商业化步伐，先后推出 C 端付费版和企业定制版，同时不断降低免费版运营成本，提升付费版性能以增加付费用户。

这样做有两个好处：一方面大模型可以不断地为用户直接提供服务，降低了用户使用门槛；另一方面，用户不断为模型生成新的数据，构建应用闭环。

从此，命运的齿轮开始转动：数据飞轮的价值开始爆发。

和数据数量相比，数据的质量更加重要。当前的投资人选择投资行业的首要条件就是要找到具有海量高质量数据的行业，只有拥有大量高质量的数据，才能充分展现出人工智能技术的优越性。但最终只有客户使用产品所产生的数据，才能形成长期的壁垒。具体来看，文生图领域的Midjourney也有类似的特征，即用户直接参与文生图最终结果的生成。例如用户通过Midjourney生成图像，同时需要在生成的4张图像里选择最符合预期的一张图，这一过程就是在文生图的流程中加入了用户反馈，最终形成了数据飞轮。

因此，无论是ChatGPT还是Midjourney，关键在于形成反馈闭环，通过飞轮效应不断优化模型能力，这种能力最终也会决定能够给用户提供多少价值。

“反馈闭环＋数据飞轮”，是这一轮人工智能企业发展的标配。

二、数据资源：大模型时代的“石油”

过去，大家关注数据的规模；现在，大家更加关注数据的质量；未来，我们对数据的重视程度将会更强。在此轮人工智能大潮之中，**开发模式正从以模型为中心，向以数据为中心转变。**如同工业时代汽车需要石油一样，人工智能时代数据资源将激发人工智能的价值。

传统的使用固定数据集、迭代模型的方式逐步被摒弃，取而代之的是高质量数据资源被各大机构争相锁定。尤其是随着不断推出的模型，“百模大战”将进一步导致数据资源的稀缺。这里面一个重要的原因在于大部分模型背后的算法基本上是趋于一致的，目前还没有出现根本性的模型改动，包括国内大量对外宣称的自研大模型多数也是基于开源大模型进行微调的产物。而数据量的堆叠，尤其是高质量数据资源，可以让训练好的模型让人眼前一亮，远远好于仅仅对模型进行优化。这也是 ChatGPT 实践出来的结果：通过对超过 40T 的数据模型进行训练，如果有效数据继续增加，ChatGPT 的表现可以更好。同时微软的研究者发现，如果数据足够优质，可以达到教科书的水准，即使模型的参数只有十几亿，其性能也能和上百亿、上千亿的模型能力媲美。因此对于产业界来讲，无数条低质量数据也不如一条高质量数据所蕴含的知识。创业者不但要在创新上给用户带来超预期的产品，更需要在降本增效上发挥作用，因此数据质量是一个非常值得探索的方向。

什么是高质量数据语料

业内对于高质量数据语料并没有统一的定义，但是在实践过程中，我们发现高质量数据语料资源需要满足以下三个方面：

首先，高质量数据语料资源需要具备通识性。数据资源并不是简单的数量堆砌，也不能仅仅只有单一的维度，高质量的语料资源需要包含足够多的信息量。因此通识性成为关键，其中包含的基础知识也是打造大模型底座、提升模型理解能力的基础。

其次，高质量数据语料资源需要具备情感性。我们之所以觉得和大模型进行交流很顺畅，是因为其输出的内容符合人们情感交流的基本原则和认知常识。用户在使用大模型产品的过程中，每句话传递出来的内容是否让人觉得舒服，是否能够基于用户的情绪给予积极回应成为关键。因此高质量的数据需要反映情感交互的需求，也是未来评判数据资源质量高低的重要因素。

最后，数据语料资源在垂直领域的专业度。大模型能够落地，以及落地好坏不仅依靠普通用户的聊天和生成图片，更关键的是需要解决实际工作场景中的问题。因此这一过程中需要解决有深度的问题，这就需要数据的专业性能够体现出来，从而助力大模型落地千行百业。

当前数据资源面临的挑战

数据语料库资源稀缺。大模型在预训练阶段，需要有大量多样性的数据来进行训练，甚至包括天文地理、美术绘画等。但在实际应用数据的过程中，我们发现中文语料量和英文语料量相比，有着巨大的差距，这其中主要源于英文的使用普及度较高，同时当前全球大模型相关研究文献主要还是以英文为主。因此，这些高质量的知识多数以英文的形式储备下来。

数据处理成本高。互联网的发展产生了大量的数据，但是这些数据本身质量参差不齐，脏数据也较多。对数据进行清洗和处理，过程复杂、成本极高。这对企业，尤其是中小企业来讲并不友好。

数据合规。数据合规是数据合作和交易的基础，尤其是高质量数据中，需要对个人隐私处理妥当，数据来源也需要完全可追溯，只有这样的数据集价值才能够更高、使用时间更长。比如，全国信息安全标准化委员会发布的《生成式人工智能服务安全基本要求》（征求意见稿）中，明确提出数据语料需要可溯源，同时要建立语料来源黑名单，机构不得使用黑名单来源的数据进行训练等要求。未来，**数据合规在整个生产链条中是一个耦合的状态，**每一个环节的处理都有牵一发而动全身的影响。

目前能够使用哪些类型的数据

针对国内机构在训练大模型的时候所使用的数据，其来源主要包括公开数据、自有数据、合作伙伴数据、外部采购数据（见表 5-1）。这些数据各有特点。

表 5-1　大模型训练数据集类别

序号	类别	特别	竞争壁垒
1	公开数据	质量低、数量大、专业度不足	小
2	自有数据	专业度高、合规问题多	高
3	合作伙伴数据	针对性强、专业度高、合规问题多	高
4	外部采购数据	专业度高	低

公开数据方面：公开数据来源广泛，比如政府部门、行业龙头企业、开源组织、学术界发布的开源数据集。开源数据量大，但是质量相对较低。同时公开数据在行业专业度上不够深、时间比较滞后。典型的公共数据包括政府公开数据、新闻、网页数据、百科数据、问答数据、共享文档、自媒体数据等。

自有数据方面：自有数据主要是指各个机构在业务发展过程中积累的数据。这类数据专业性强，尤其适合与垂直领域大模型进行深度结合，同时数据质量较高、具备较强的差异化优势。但是自有数据也有数量不足等情况，并且持有机构一般不具备专业的数据处理能力，需要大模型企业能够协助企业构建自有的高质量专业数据集。只有拥有大量数据积累并且具备行业知识和经验的企业才能够在大模型的基础上融合行业特色数据和知识，从而打造行业大模型。

合作伙伴数据方面：合作伙伴围绕大模型进行数据交换或授权，这类数据通常针对相关领域或者具体某项任务，可靠性和针对性较强，但是同时存在隐私、授权合规、安全等风险和挑战。

公开交易数据方面：随着《关于构建数据基础制度更好发挥数据要素作用的意见》的发布，数据要素的价值进一步凸显，目前我国已经有大量数据交易所对外提供数据产品服务，部分第三方研究机构基于前期积累形成数据资源、数据报告等产品对外销售，专业性和针对性较强，数据质量较高。例如万得数据、天眼查等机构分别聚焦经济、工商信息等，在各自领域形成了较好的护城河。

因此，数据的价值在这轮大模型发展过程中愈发重要，以至于有报告预见：到 2026 年，全球的高质量自然语言数据资源将会消耗殆尽。

数据为什么会耗尽

虽然人类活动无时无刻不在产生数据，但是并非所有人类生产、生活产生的数据都能够用于大模型的训练，高质量的数据资源才能够进入模型训练并产生较好的效果。在自然语言处理领域，高质量的数据主要来自数字化书籍、论文等，这些数据资源有着较好的前后逻辑，内容准确度也较高。相对而言，我们每天的聊天内容、视频弹幕、留言评论等大概率属于低质量数据；随机从某个网站获取的数据也可能无法创造出新的价值，这些数据连续性不强，对训练的作用也会大打折扣。GPT-3 至少使用了超过 40T 的数据进行训练，但并非将这些海量数据全部用于训练，而是经过过滤后使用了其中 1.27% 的数据，即超过 500GB 有效数据进行训练。可见高质量的数据依旧是稀缺的。

具体到中文语料就更加捉襟见肘，可用作训练的公开中文语料库（包含图片、文本、视频等素材）往往数量有限，质量不均。麦肯锡中国金融业 CEO 季刊《捕捉生成式 AI 新机遇》报告显示，通用大模型需要海量数据作为训练，但截至 2023 年 6 月底中文网站数量从全球来看占比仅为 1.4%，相比之下英文网站占比达到 54%。同时杂志期刊方面，中国高引用论文的数量占全球份额仅为 27.3%，落后于美国的 42.9%。

究其原因，影响中文大模型潜在竞争力的原因主要有以下几个方面。

一是高质量数据集一般需要长期持续投入，以 Common Crawl 为例，从 2008 年开始就抓取网页制定数据集，目前规模已经达到 TB 级别，成为全球公认的优质基础数据集。二是针对公共数据，尤其是行业大模型所需要的工业、医疗、金融等领域数据，其公共数据来源也明显不足，从而制约了垂直领域的大模型研发。三是国内互联网生态逐步向以移动互联为代表的私域化模式转变，尤其是高质量的社区生态发展不够完善和活跃，可供形成数据集的资源量不够充足。

数据有何解决方案

解决方案可从以下两个方面考虑：一方面合成数据有望成为新的路径；另一方面也是更大的可能将是大量科技公司的模型会在一定能力水平徘徊，后续如何改进将要看怎么持续获取合法合规、符合商业逻辑的数据源，高质量的数据将是未来模型可持续发展的关键。

基于这样的预判，我们就能够理解国内大量科技公司逐步在与各行各业原始数据源头公司进行合作、绑定，**构建起“大模型 + 算力 + 数据 + 场景”的合作模式**，成为未来科技类公司在此轮人工智能风口起飞的核心发动机（见图 5–1）。因为大量高质量数据资源带来的模型表现，要比某种单一数据集上训练的模型高出不少，甚至是降维打击。

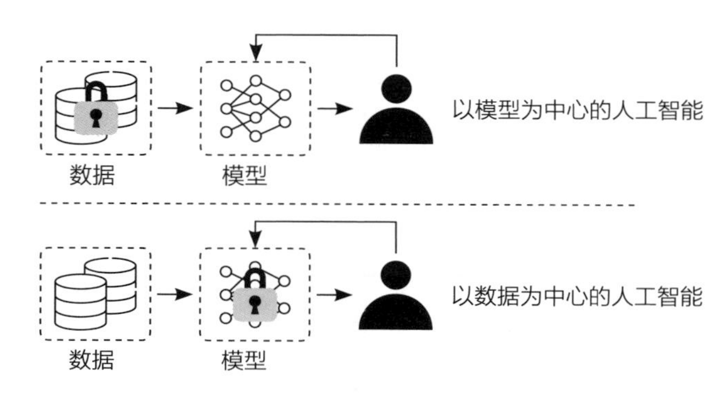

图 5–1　以模型为中心与以数据为中心示意图

精妙的算法固然重要，但是大量的数据更为关键，而优质的数据更是胜过单纯的数据量。

三、合成数据：AI 的“新燃料”

合成数据已经来了。

高德纳咨询认为到 2024 年，全球有 60% 的训练数据将会被合成数据（synthetic data）所取代，到 2030 年合成数据将彻底取代真实数据，成为训练人工智能的主要数据来源。《麻省理工科技评论》还将合成数据列为 2022 年全球十大突破性技术，认为合成数据可以解决数据资源不足的问题，从而推动人工智能技术的发展。经典论文《注意力就是一切》(*Attention is all you need*）的作者之一艾丹·戈麦斯（Aidan Gomez）公开表示：合成数据可能是加速通往“超级智能 AI 系统的道路”。

前面提到数据资源的重要性时，说到合成数据的价值如同“人造肉”一样。合成数据是指在数字世界中创造的数据。相较于真实的数据，合成数据可以在物理和数学意义上反映真实数据的属性，这种定向生产的数据可以保证训练大模型的时候数据的均衡性。

比如，你希望大模型在回答问题的时候具有一定的偏向性，或者在生成某些图片的时候会用特别的风格和元素，这些都可以通过定制合成数据来实现。合成数据**基于真实数据，但是又与真实数据不同。合成数据的这种特性未来会有更大的应用范围。**

合成数据还有两个成本优势，分别在采集环节和标注环节得以有效验证。

在采集方面：传统的真实数据采集方式低效，其中大量数据是没有价值的；但是合成数据是针对定向场景生成的，几乎每个数据都有价值。同时，合成数据不需要大量的数据采集团队，也不需要进行数据规模化筛选，大部分合成数据从生产开始就是根据模型训练生成的，可以被直接使用，这样可以降低数据采集成本。

在标注方面：对传统数据进行标注，会耗费大量人力和成本，对合成数据进行标注，价格趋近于0，耗费的只是数据计算的成本。因此，我们可以用更加有效的低成本，批量生产海量数据用来训练大模型。

数据是大模型的“火种”，但对真实数据的收集效率还处于石器时代。数据合成已经跨入高效的工业时代。目前，全球已经有多家公司把业务聚焦到了合成数据。比如 Scale AI 就曾被媒体披露为 GPT–4 提供数据；Gretel.ai 已经与谷歌、汇丰银行等企业合作，以生成更多合成数据服务客户。

在关注合成数据的同时，我们也需要反思：现有的大模型对数据的利用效率是否足够好？未来穷尽了所有数据之后，会不会依然存在数据不足、模型训练不好的情况？这些问题目前业内还难以给出答案，或许未来会有更好的模型框架、更高效的模型自我学习方式来降低大家对数据的需求。我们需要长期观察各种可能出现的变化趋势。

四、向量数据库：大模型的“图书馆”

随着大模型的快速普及，向量数据库也迅速进入大众视野。

大模型很“健忘”，今天问的事情明天就不记得了。那么如何才能把大模型这种“健忘”的问题解决呢?

我们可以将类似 ChatGPT 这种问答机器人的提示词和回答，都存储在向量数据库里。用户问问题的时候，可以直接在向量数据库里搜索问题，找到最相似的问题便可找到对应的答案。这样可以大大提高问答模型的效率。

向量数据库之所以在这个时间节点为人所关注，还有一个原因是当前人工智能在处理文本、音视频等数据的时候，都会先把数据转化为向量，然后再输出，向量数据库天然适合存储这类向量数据。

AI大模型总结

1. 数据的重要性：在大模型的训练和应用中，数据的作用至关重要，优质的数据甚至比模型本身更为关键。数据采集、清洗、标注和质检等环节是数据资源发挥价值的核心流程。
2. 数据飞轮效应：大模型通过用户交互不断生成新数据，形成反馈闭环，推动模型能力的持续优化。这种数据飞轮效应是人工智能企业发展的重要驱动力。
3. 高质量数据的稀缺性：随着大模型的竞争加剧，高质量数据资源变得愈发稀缺和宝贵。数据的通识性、情感性和垂直领域的专业度是评判高质量数据的关键指标。
4. 合成数据的潜力：合成数据作为人工智能的“新燃料”，能够有效解决高质量数据资源的稀缺问题，推动大模型的发展和应用。
5. 向量数据库的作用：向量数据库在大模型应用中扮演着“图书馆”的角色，通过存储和管理向量数据，提高模型的检索效率和准确性，对于提升大模型性能具有重要意义。

第六章 探秘 AI 蓝图：大模型的未来轨迹

一、AI 的下一站是哪里

每一次技术迎来拐点的时候，人们总是热衷于做“卖铲子的人”。当其他人都希望支持这些技术推动者的时候，总得有人要去“找金子”，因为那些能够把人工智能的力量成功融入人们喜欢的产品的创造者，会获得巨大的价值。创新者不仅需要使用人工智能来增强产品，还需要使用人工智能来作为驱动产品整个生命周期和商业策略的关键抓手。

那么，大模型应用的下一个“金子”会是什么呢？

自主智能体（AI agent）或许是最接近答案的一种可能。

在互联网时代，网站成为当时的原生应用载体，互联网相关技术成为谷歌、脸书（现 Meta 公司）等企业发展的关键所在；移动互联网时代，App 成为当时的原生应用，占据了移动互联网时代人们的注意力，微信、今日头条、滴滴打车、美团等应用应运而生。然而传统软件给人们带来便利的同时，对人们的服务是一种有损压缩：软件无法完全模拟人的行为。

我们通过软件的界面，将为人们的服务模式转化为各种按键，并通过后台链接数据库来模拟医生、律师，为用户提供简单的诊断或者法律服务。这种能力从本质上说，是用户在使用软件，而不是软件为我们服务。大模型在进入大众视野的近两年时间中，我们已经意识到大模型本身并不能解决所有问题。我们需要在大模型基础上发展出一种新的应用形态，才能够达到大家对于大模型这种技术变革的期望。

这种形态就是自主智能体。

自主智能体在人工智能领域具有重要地位，主要体现在其学习能力和行动能力上。学习能力作为智能的关键指标之一，也是自主智能体的基本要求。通过构建具备学习能力的自主智能体，我们可以使它们在初始的环境中运行，并通过与环境的持续交互来学习、迭代，从而提升其知识技能和决策能力。此外，智能体的行动能力使它们能够通过感知、决策和行动，实现不断迭代学习，以达成预定目标。在人工智能领域，自主智能体可以指代具备自主性和智能的程序或系统，它们能够通过感知、规划、决策执行相关任务。自主智能体在各种问题解决场景中具有广泛的应用潜力，例如自动驾驶、自然语言处理和游戏等。这些智能体可以是虚拟的，如软件程序，也可以是有具体形态的，如机器人。通过不断发展和优化智能体技术，我们有望实现更高效、更智能的解决方案。

2023 年 4 月，斯坦福大学和谷歌联合发布了“西部世界”沙盒虚拟小镇——Smallville，在这个小镇上有 25 个自主智能体。它们在小镇里上班、社交、恋爱和娱乐，每个自主智能体都有自己的个性和背景故事。这样一个智能体小镇，被专家称为“2023 年最激动人心的自主智能体实验之一”。未来自主智能体甚至会成为一个软件的新载体，围绕我们每个人的生活去进化。比如，我们不再需要在软件里点击几十次，甚至上百次，只需通过自然语言来发出命令，自主智能体就可以直接把结果返回给我们。

更进一步，我们可以将自主智能体的能力进一步拆解为基础智能、角色管理、技能调用、复杂思维进行分析。一是基础能力。该项能力包括常识推理、逻辑性等能力，这些能力来自大模型提供的基础智能。这一项能力主要是对模型能力的一种优化。如果需要对自主智能体这一方面的能力进行提升，通常需要对大模型进行更换或者优化。二是角色管理。该项能力主要指聚焦自主智能体的角色扮演、情感理解和身份认知相关的能力，涉及如何让自主智能体理解并扮演特定的角色或身份。三是技能调用。技能调用的能力，允许自主智能体调用外部的功能，编程、查询、绘图等都已经有较好的实现。四是复杂思维。在大模型的基础上，人们可以通过构建思维链等方式，学会更高层的思维方式。这种方式教会模型特定的方法，从而提高其处理复杂问题的能力。

更形象一点，我们可以把大模型比作“大脑”，但是它没有实际的身体来执行任务，自主智能体则是执行各种自动化和智能问题的“手”和“脚”，使得人们提出的问题可以被更好地解决和完成。大模型作为数字基础设施，将为自主智能体的性能、体验和使用领域奠定基础。

二、如何定义自主智能体

目前针对自主智能体（AI Agent）没有公认的定义，但是我们可以给一个宽泛的答案：自主智能体（AI Agent）就是基于大模型的常识能力、推理能力，能够创造出一种更加接近于人类行为格式的服务方式的智能实体。它们就如同我们聘请的专业的理财顾问、医生、律师等各行业专家。它们拥有记忆力、使用工具的能力，能在实际工作生活中帮我们真正解决问题。基于上面的描述，我们还可以给出一个定义，那就是：**具有自主性、反应性、积极性和社交能力特征的智能实体。**

自主性：自主性赋予了自主智能体自主处理信息的能力，让自主智能体成为积极的参与者。例如，当我们走进图书馆的时候，传统的图书管理员会根据我们的需求给我们某本书的编号和放置位置。当管理员具备智能自主体的能力的时候，他不仅能够给予我们图书的信息，还能引导我们找到这本书并讲解相关的知识，让我们更深入地了解整本书的知识体系。这种全新的交互方式类似与一位热情友好的伙伴一起探索新知，能加深人类与智能系统的信任关系。

反应性：自主智能体能够在真实世界中进行学习并迅速反馈和响应。这种在接收到新信息或者新情况立即做出响应的特征，与即兴魔术表演有异曲同工之妙。观众在电视上观看录播的魔术表演时，只是内容的接收者，不是参与者，不能够中断或者改变魔术表演过程。相比之下，如果观众观看的是现场的即兴魔术表演，就可以提出想要看到的魔术需求。魔术师可以根据需求在现场进行即兴表演。这个时候观众不仅是接收者，还是魔术的一部分。因此，自主智能体如同即兴魔术表演，可以根据实时反映和环境变化，对决策提供即时信息和指导。

积极性：自主智能体在描述特定场景时，会融入更多个性化的感知与理解。就像人们在与周围环境进行实时互动的过程中会不断地调整自己的行为一样，自主智能体会通过学习和反馈，理解当下的情境并调整行为。例如，自主智能体感知到用户的情绪变化时，会提供个性化的体验来回应用户的感受。在导航领域其就可以有很好的应用场景。传统的导航软件只能提供固定的行程建议，不会因为下雨或者下雪而做出调整，都是以最优路线来进行行程设计的。自主智能体有望根据用户的个人偏好、天气和目的地环境来提供更加实际的建议。它更像是一位熟悉当地环境的私人顾问，不仅知道你的目的地，还了解周围的情景，甚至会根据你的私人偏好带你去适合的特色小店，并记录下你的快乐时光。

社交性：社交性不仅仅指的是自主智能体与用户之间的互动，还包括不同自主智能体之间的互动。如同蜜蜂建造蜂巢一样，多个自主智能体之间需要共同协作，产生超越单个自主智能体能力的集体效果，并且在复杂系统中实现量变到质变的效果，从而形成更高级别的功能和结构，使得整个系统具有更强的鲁棒性和适应性。

按照这一描述，我们发现自主智能体（AI Agent）与 ChatGPT 有着很大的不同：ChatGPT 是一问一答，最终结果会交付给人来做检查和确认，为这个结果负责的是人，而不是 ChatGPT；自主智能体（AI Agent）则是在回答问题的基础上，还能够帮助我们完成任务。自主智能体（AI Agent）在初级阶段，就会使用 ChatGPT+ 插件。我们可以通过 ChatGPT 发出指令、提出需求，之后会使用插件来自动完成一些事情。这个过程不需要人的参与，大模型的出现给自主智能体进一步发展带来的希望。

那么在大模型的加持下，自主智能体会是什么样子呢？

复旦大学自然语言处理团队在一项调查中指出：一个人如果想要在社会中生存下来，就必须要学会适应环境，要具备认知能力，并且能够感知、应对外界的变化。同样的道理，自主智能体的框架也由三个部分组成，那就是：**控制端（brain）、感知端（perception）和行动端（action）**[①]。

控制端：这一部分主要是由大模型构成，是自主智能体的核心（见表6-1）。控制端不仅要存储知识和记忆，还需要具备信息处理、决策等重要功能。它可以呈现出推理和计划的过程，并很好地应对未知任务，反映自主智能体的泛化能力和可迁移性。自主智能体具备了自主思考与分析的能力，无须人来教导，就可以自行完成网络搜索、代码编写等。换句话讲，自主智能体的目标就是具备人类相应的能力。

表6-1　自主智能体控制端解析

<table>
<tr><td rowspan="6">控制端</td><td rowspan="2">自然语言交互</td><td>高质量文本生成</td><td rowspan="2">· 强大的自然语言生成和理解能力，自主智能体能够通过自然语言与外界进行多轮交互，进而实现目标</td></tr>
<tr><td>言外之意的理解</td></tr>
<tr><td>知识</td><td></td><td>· 大模型拥有存储海量知识的能力
· 存在知识过期、幻觉等问题，但是可以在一定程度缓解</td></tr>
<tr><td>记忆</td><td></td><td>· 记忆模块存储了自主智能体过往的观点、思考和行动序列
· 通过特定记忆机制，自主智能体可以有效反思并应用先前的策略，以借鉴过去的经验来适应新环境</td></tr>
<tr><td rowspan="2">推理和规划</td><td>计划制订</td><td rowspan="2">· 推理能力主要指依托思维链为代表的一系列提示方法
· 规划是面对大型挑战时的策略，帮助自主智能体组织思维、设定目标并确定实现这些目标的步骤</td></tr>
<tr><td>计划反思</td></tr>
</table>

① 来自复旦NLP团队发布的80页大模型智能体综述。该文描述了AI智能体的现状与未来。

续表

	迁移性和泛化性	对未知任务的泛化	· 大模型赋予自主智能体较强的迁移性和泛化能力。自主智能体不是静态的知识库，应具备动态的学习能力
		情景学习	
		持续学习	

感知端：将自主智能体的感知空间从纯文本拓展到音视频等多模态领域，使得自主智能体可以更加全面、有效地从周围环境中获取有用的信息（见表 6-2）。

表 6-2　自主智能体感知端解析

感知端	文本输入		大模型的基本能力
	视觉输入	将视觉输入转为文本描述	大模型不具备视觉感知能力，只能理解文本内容 视觉输入通常包含有关环境的大量信息，包括对象的属性、空间关系、场景布局等
		对视觉信息进行编码表示	
	听觉输入		大模型具有工具调用能力，通过级联方式调用现有工具集或专家模型，感知音频信息
	其他输入		触觉、嗅觉等器官将进一步丰富感知模块，用于获取目标物体更加丰富的属性

行动端：除了常规的文本输出，自主智能体还具备使用工具的能力，能够更好地适应环境变化，同反馈与环境交互，甚至能够塑造环境（见表 6-3）。在使用工具方面，自主智能体可以快速调用多个 API，显然要比人类自己直接使用工具效率高很多。目前在游戏场景其已经得到了很好的应用，例如，研究人员在游戏中对其进行实验，发现自主智能体在游戏中可以自主决定要做什么，甚至可以通过编写代码的方式创新任务流程、制造工具。这一过程中可以让自主智能体调用不同的工具，从而实现复杂的任务和高质量的结果。

表 6–3　自主智能体行动端解析

<table>
<tr><td rowspan="5">行动端</td><td>文本输出</td><td></td><td>大模型基本能力</td></tr>
<tr><td>工具使用</td><td></td><td>· 工具在使用者能力的扩展、专业性、事实性和可解释性上提供帮助
· 可扩展自主智能体行动空间，例如调用多种模型来获得多模态的行动方式</td></tr>
<tr><td rowspan="3">具身行动</td><td>观察</td><td rowspan="3">· 具身指自主智能体与环境交互过程中，理解、改造环境并更新自身状态的能力
· 具身行动可以被视为虚拟智能与物理现实的互通桥梁</td></tr>
<tr><td>控制</td></tr>
<tr><td>导航</td></tr>
</table>

我们通过一个例子来看看自主智能体的实用价值。

当人们询问自主智能体：“看看外面的天气，如果明天要下雨的话就把雨伞递给我时”，感知端将指令转换为大模型可以理解的内容，然后控制端开始根据当前天气和互联网上的天气预报来进行推理和行动规划，行动端做出响应并将雨伞递给人类。不断重复以上过程，自主智能体就可以不断获得反馈并与环境进行交互。这种方式与现在多数情况下使用特定工具组合的应用工作上方式完全不同，也代表了自主智能体的一个重要特点和优势。

目前全球典型的自主智能体有以下几个（见表 6–4）。

表 6–4　当前全球典型自主智能体

序号	名称	特点	不足
1	AutoGPT	· 基于 GPT 的实验性技术 · 在大模型中提出需求，AutoGPT 可制订计划，决定如何执行任务，如何拆分任务并选择工具 · 如想创建一家品牌公司，AutoGPT 会自动完成公司注册、logo 设计等一系列工作	当前阶段处理错误率高、计算成本大，成熟度不足

续表

序号	名称	特点	不足
2	HuggingGPT	· 可以调用不同模型的任务协作系统 · 任务规划：将任务分解成不同步骤。模型选择：调用不同模型来完成任务。执行任务：根据任务的不同选择不同的模型进行执行。反馈：将执行的结果反馈给用户 · 通过调用不同模型，提高每个人物的精确度和准确率	成本依旧较高
3	NexusGPT	· 人工智能自由职业者平台，整合开源数据库中多种 AI 原生数据内容，拥有 800 多个具有特定技能的自主智能体 · 均为虚拟角色，可帮助人们完成各种任务	对传统自由职业者雇用平台产生巨大冲击

自主智能体的三种范式

从上面关于天气和雨伞的例子中，我们可以逐步总结出自主智能体的设计原则。这里面有三个关键点值得留意。

（1）帮助用户从日常任务、重复劳动中解脱出来，减轻人类的工作压力，提高解决问题的效率。

（2）不再需要用户提出低级指令，就可以完全自主分析、规划和解决问题。

（3）解放用户的双手之后，尝试解放大脑，在前沿科技领域帮助研究人员完成创新性和探索性的工作。

因此，自主智能体可以有三种范式，那就是单个自主智能体、多个自主智能体和人机交互。

单个自主智能体：这是可以接受人类自然语言命令、执行日常任务，具有很高的现实使用价值（见表 6–5）。

表 6–5　单个自主智能体特点解析

<table>
<tr><td rowspan="3">单个自主智能体</td><td>任务导向</td><td>帮助人类用户处理日常基本任务</td><td>具备基本的指令理解、任务分解、与环境交互的能力</td></tr>
<tr><td>创新导向</td><td>在前沿科学领域展现出自主探索的潜力</td><td>目前在化学、材料、计算机领域已经取得进展
具有专业领域固有的复杂性，缺乏训练数据会带来阻碍</td></tr>
<tr><td>生命周期导向</td><td>在开放世界中不断探索、学习和使用新技能，从而具备长久生存的能力</td><td></td></tr>
</table>

多个自主智能体：随着分布式人工智能的兴起，多个自主智能体逐步进入实践阶段。未来人与人之间的交流都会通过智能体的间接交互。这种全新的交互可能会完全改变我们在互联网时代形成的行为和社会协作模式。无论是数字人还是智能助理，都将很快在工作环境中与其他智能体建立协作关系。研究人员更加关注如何有效地协调并协作解决问题（见表 6–6）。

表 6–6　多个自主智能体特点解析

<table>
<tr><td rowspan="3">多个自主智能体</td><td rowspan="2">合作型互动</td><td>无序合作</td><td rowspan="2">有效提高任务完成效率，共同改进决策</td></tr>
<tr><td>有序合作</td></tr>
<tr><td>对抗型互动</td><td></td><td>通过竞争、谈判、辩论的形式，对自己的行为或者推理构成进行反思，最终推动响应质量提升</td></tr>
</table>

人机交互：自主智能体通过与人类交互，合作完成任务。一方面动态学习能力需要沟通交流来支持，另一方面目前自主智能体在可解释性上表现依然不足，存在安全、合法性等方面的问题，因此人类需要参与其中进行规范和监督（见表 6–7）。

表 6-7　人机交互智能体特点解析

人机交互	指导者—执行者模式	· 人类作为指导者给出命令、反馈意见 · 自主智能体作为执行者，根据指示逐步调整、优化 · 在教育、医疗、商业领域将广泛应用
	平等合作模式	· 在与人类交流中表现出共情能力，或者是以平等的身份参与到任务执行中 · 展现出日常生活中应用潜力，有望未来融入人类社会

三、AI Agent：AI 界的“超级英雄”

AI Agent的“智能手机”时代。我们可以将AI Agent理解为智能助理。“智能助理”并不是陌生词，微软的Clippy、苹果的Siri都是较为经典的智能助理，只不过这些助理还不够智能，更不够个性化。之前的智能助理类似功能机，AI Agent将扮演智能手机的角色。传统的智能助理更多的被限制在单个应用程序中，通常只在你提出特定需求的时候才会介入，而且它们也无法记住用户的使用习惯，不能适应我们每个人的偏好。当然，智能助理能否帮我们真正解决问题，还取决于我们是否允许其了解自己所参与的活动、事件，以及工作关系、工作流程、兴趣爱好、日程等。我们也可以决定什么时候让它介入来帮助我们完成某项任务。例如，你想买一台笔记本电脑，我们可以让AI Agent阅读所有点评内容，给出建议，并在我们做出决定之后帮我们下单。

智能助理可以提升我们的效率。我们可以先来看看当前工作的常态，比如我们会用电子文档来撰写文案，在购物网站购买商品，用不同生活服务类的App点餐或者选择约会的场所。这些互联网应用能够给我们提供一些便利，但是我们想要完成的工作必须还是由人自己去完成。例如发送电子邮件、发朋友圈、点餐等动作，依旧需要我们在不同的App或者网站进行操作，应用程序才能按照我们的需求来实现。但是AI Agent有望解决这个问题，我们可以直接告诉它你想要做什么，它就能够帮助我们完成大量工作，未来每个人都会拥有一个智能助理。例如你的朋友生病住院了，你的AI Agent会建议你送一些花和营养品，并帮助完成订购，实现所有闭环流程。

AI Agent 让昂贵的服务变得亲民。AI Agent 会更加智能，会主动给出建议，我们会看到 AI Agent 可以跨应用完成任务，在我们的活动中识别我们的意图和模式，并基于这些信息来主动为我们提供服务和建议。当然，最终决定权还在我们手里。例如，你想来一场旅行，传统的应用程序只能帮助你找到符合预算的目的地、机票和酒店，但是 AI Agent 可以根据你的期望提出目的地建议，还会根据你的倾向和兴趣来推荐对应的活动计划和你可能感兴趣的餐厅。这种个性化的旅行规划在当下更多的针对的是高净值客户，但随着 AI Agent 的普及，我们会发现在旅行、教育、医疗等行业，当前的高端私人定制服务，将会变得更加普及，门槛也会不断降低。传统的医疗会诊、一对一教学、深度定制化旅行将向大众开放，这才是 AI Agent 让人产生无限想象的地方。

多个业务会通过 AI Agent 整合。今天我们看到的各个独立业务，未来将融合在一起，例如搜索引擎中的广告、社交网络里的推广、购物等场景可以进一步整合。我们未来将不需要电子商务网站，AI Agent 会帮我们找到最佳的产品。例如，连锁超市沃尔玛在官网宣布，将在电商平台试用人工智能，帮助用户改善购物体验并提升效率。人工智能应用根据用户的文本提问提供详细和个性化的购物建议。用户可以向智能助手提问“我想为 12 岁的孩子买一个手机，有哪些建议？”，购物助手会列出例如耐用性、价格、便捷性、教育应用等详细建议，随后会把符合标准的产品列出来。

AI Agent 生态。当前的 AI Agent 更多的是嵌入传统的软件当中，例如在绘图和办公软件中我们已经能够看到智能助理的身影。但是这并非 AI Agent 的最终形态，未来会有不同功能的 AI Agent 来为用户服务。就如同当前丰富的 App 市场一样，未来也会有大量 AI Agent 供我们所选择和使用。

未来，随着时间的推移，模型的成本和效率将逐渐进入我们能够接纳的范围。而在此之前，我们要想清楚，怎样才能够利用好这个看起来还比较陌生的“伙伴”。这里，我没有用“工具”或者“服务”来形容大模型，而是用“伙伴”，是因为大模型本身就如同每个人的**“徒弟”**。徒弟能不能帮助师父，前提是你能否手把手地教它，让它不断地熟悉你、了解你，最终成为你的左膀右臂。

也就是说，如果你有足够多的认知和数据给到它，训练它，那么它就是你身边的综合能力很强的高才生。你要做的就是在具体领域里把它的长板不断加长，成为你的好帮手。

因此循序善于、因材施教将是一名好老师的必修课，**因为未来你带领的不是上百人的团队，而是上百个虚拟的“徒弟”**，你怎么教，它怎么学。在这场社会变革里面你能不能取得一个好的成绩，取决于你能不能找到好的学徒，能不能调教好学徒，让学徒发挥出你都没有的水平。

四、Agent 时代，人是最大的边际成本

Agent 可以不依赖人自主行动，这样能够将人工智能的边际成本变成固定成本。成本结构决定了未来全球的智能体可能要比人更多，通过雇用智能体来解决问题和创造社会财富将会产生新的生产关系。在可预见的将来，新一代的 SaaS 公司，其最好的商业模式就是租售智能体。

“边际成本低 + 帮人赚钱”的场景将会被越来越多地发掘出来，智能体公司提供的服务也将更加多样，例如投标的智能体、帮人投简历和面试的智能体、多渠道分发内容的智能体等。

智能体不是凭空生成的，我们需要在每个智能体背后搭建智能体的“基础设施”。这将是关于算法和工程能力的系统性的竞争。尤其是“基础设施”的可扩展性和可塑性，将决定了应用层的落地可能性和解决复杂问题的能力。

智能体完成任务方式有两种：一种是严格按照步骤执行，另一种是自主探索。

垂直领域的智能体，要能够操作具体的工具，例如能够操作视频剪辑软件，甚至还能操作工业软件。

我们在创造工具的同时，工具也在塑造我们。

五、AI Agent 的“财富密码”

目前来看，Character.ai 选择的赛道较为接近 AI Agent，通过情感陪伴、角色扮演、游戏娱乐等方式，让用户产生使用黏性。其创始人也是论文《注意力是你所需要的一切》(*Attention is all you need*) 的作者之一。如果说 ChatGPT 希望作为用户的一个全能人工智能助手的话，Character.ai 则在学习了大量故事和 IP 之后，把文学、电影、游戏、动画中的创意、文化和娱乐属性进行结合，来支撑具有千人千面的互动和内容消费。

拥有 AI Agent 的人，就如同一个人变成了一个团队。你甚至不需要成立一家公司或者招募大量员工，只需要让不同专业化的 AI Agent 帮助完成任务，就可以自主地把公司运转起来。我们有以下几个畅想。

第一，边际成本与固定成本逆转。AI Agent 能够运行的前提是人要参与其中，但是未来 AI Agent 将能够不依赖人进行自主行动，从而将智能的边际成本变成固定成本，而人将成为最大的边际成本。这个过程中，成本结构决定了未来世界中 AI Agent 将比人更多，雇用 AI Agent 来解决问题并创造财富会是确定性的生产关系。未来商业模式里的基础模块将是按量出租 / 出售智能体。

第二，多样化 AI Agent 将会在更多细分场景落地。相应的 AI Agent 公司也将不断出现，例如，帮助用户投送简历和面试的智能体、帮助用户完成投标的智能体、帮助用户拓展销售渠道的智能体、帮助用户提供多语种内容的智能体等。

第三，创业公司与巨头公司的区别。在当前阶段，将 AI 融入现有主流产品是巨头科技企业的主要做法，比如微软、腾讯、百度、Adobe 等，因为这些已经存在的高频应用，对于科技巨头公司而言推广成本低，并且更容易占据先发优势。AI Agent，属于新型应用，对现有业务的改造有边际递减优势。创业公司和巨头科技企业在单位经济模型中没有优劣之分，甚至创业企业短期内还有机会优势。

第四，元宇宙成为 AI Agent 落地的潜在方向。在大模型来临之前，元宇宙更像是空中楼阁。但随着大模型的逐步落地，AI Agent 也需要一个数字环境，可以让其使用工具并执行。在元宇宙的环境中，AI Agent 的价值和能力可以被更好地发挥。

第五，基础设施是 AI Agent 竞争的关键。AI Agent 不是 ChatGPT，每个智能体背后都需要企业搭建智能体的技术基础设施。AI Agent 公司的核心在于算法和工程实现能力的综合竞争力，未来应用层的公司也将进入其中开展布局。但不同公司基于前期布局的深浅，可能会产出少量能够解决复杂问题的 AI Agent，以及大量具有单一能力的 AI Agent。

第六，AI Agent 实操是落地的必由之路。AI Agent 要能够真正操作工具和具备相关能力，例如进行平面设计、进行视频剪辑、构建 3D 空间、操作工业软件，而不仅仅只是生成文案、进行多轮对话。

第七，AI Agent 的数据飞轮闭环。GPT-4 或者未来更强的模型将成为 AI Agent 的操作系统，并随着被投入更多行业数据、行业模型，会出现飞轮效应，模型更小、幻觉更少、更具鲁棒性的行业模型将不断落地。随着 AI Agent 在真实世界中不断得到延展，其获得的数据会进一步反哺模型的迭代和泛化，最终获得更多价值回报。

六、自主智能体面临的技术与安全挑战

我们对自主智能体做了诸多畅想和思考，其前景是乐观的，但是道路是曲折的。在技术与安全上，自主智能体还有诸多挑战和困难。

如何让自主智能体更加了解你。自主智能体需要对用户的兴趣和认知有精准的捕捉，但同时要严格保护用户隐私。研发人员还没弄清楚自主智能体的数据结构应该是怎样的、应该构建一种什么样的数据库。向量数据库或许是一种潜在的方法，但效果还有待验证。

自主智能体应如何配合。未来我们会有多个自主智能体，那么不同自主智能体应什么时候互相配合、什么时候保持各自独立。例如，你希望自己的个人助理智能体和心理治疗智能体独立工作还是互相合作？它们之间的通信该有什么样的标准协议？

我们的隐私该如何保护。随着自主智能体的普及，人们的线上隐私和安全问题将变得愈发突出。哪些信息是自主智能体可以访问的？哪些信息是不被允许访问的？自主智能体产生的数据归个人所有，还是自主智能体所有？抑或是归属自主智能体公司所有？自主智能体可以作为法庭证据吗？你是否允许通过心理治疗智能体收到相关的广告？自主智能体的价值观又该如何确定？

当然，当前我们看到的自主智能体更偏向初级形态，我们所畅想的未来以及遇见的问题也许还很遥远，但是自主智能体的发展速度将超过我们的想象。

七、机器人 +AI 的“梦幻组合”

大模型终究要和现实世界融合的，比如和机器人结合在一起。

大模型在机器人上的尝试与探索

训练传统机器人需要很长时间：相较于虚拟环境，真实的物理世界复杂而无序，机器人需要复杂的指令才能做一些简单的动作和工作，这期间还需要研究人员为不同任务单独建立解决方案。通过简单的自然语言来给机器人下达命令，一直是科研人员的目标。

目前谷歌发布的 RT–2 机器人就已经初步具备了这样的能力。RT–2 的全称是 Robotic Transformer –2。人们不再需要复杂的指令，可以像和 ChatGPT 交流一样来操控机器人了。比如，研究人员对 RT–2 说“选择已经灭绝的动物”，RT–2 的机械臂可以快速在桌子上寻找到玩具恐龙并把它抓起来。在此之前，机器人无法理解它们没有见过的物体，更无法把灭绝的动物和玩具恐龙联系在一起。这里面的原理，简单讲就是，RT–2 构建出了一种新的概念：视觉—语言—动作（VLA）模型。该模型基于网络和机器人数据进行训练，利用的是谷歌的 Bard 大模型的研究进展。该模型甚至还能够理解英语以外的其他自然语言指令。

关于机器人，李飞飞教授发表过相关的论文：通过在机器人中接入大模型，将复杂的指令转化为具体的行动规划，这一过程不需要额外的数据和训练。也就是说，人们可以轻松地通过自然语言来给机器人下达命令，真实世界的机器人不经过“培训”，就可以直接执行这个任务。比如你告诉机器人:“打开上面的抽屉，同时要小心花瓶”，基于大模型和数据语言模型，机器人就可以在3D空间中分析出目标和需要绕过的障碍物，做出行动规划，完成任务目标。

同时，基于大模型的机器人还涌现出了新的能力：一是评估物理特性，比如，针对给定的两个未知重量的木块，可以使用工具判断哪个木块更重。二是常识推理，比如，被告知用户是左撇子，可以根据用户的习惯来摆放餐具。三是细粒度校正，比如，在执行“把盖子盖到茶壶上”等高精度任务时，可以根据“你偏离了1厘米”的指令进行校正（见图6-1）。

再比如，知名的波士顿动力公司，也将ChatGPT融入其产品机器狗中，用户可以对机器狗说:“我口渴了”。之后机器狗会直接带领用户来到咖啡柜台前，并回答:“这里有小吃和咖啡机，你可以随意补充水分和能量，就像机器人充电一样。”

未来，内置大模型的机器人能在药房帮我们抓药，在家里叠衣服，从洗碗机里取出餐具，在生活中使用机器人有望真正实现（见表6-8）。

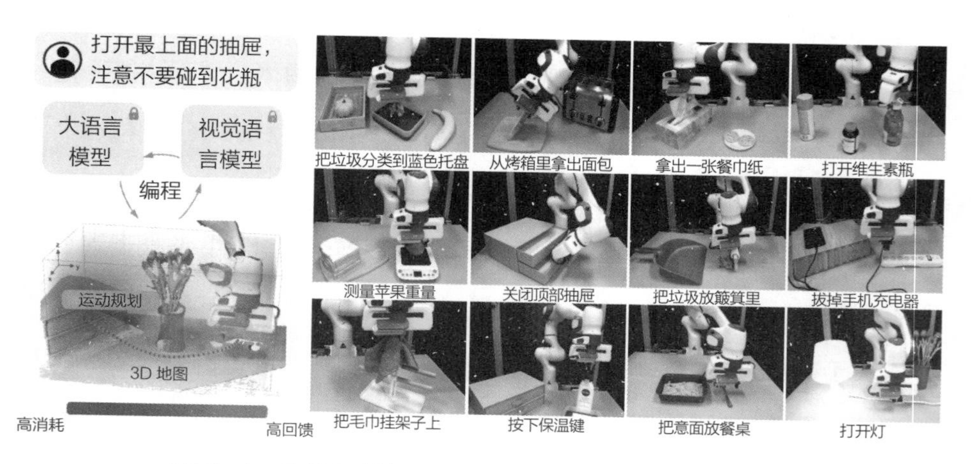

图6-1 李飞飞教授关于机器人与语言模型论文截图

表 6-8　当前典型大模型机器人及特点

序号	名称	公司	特点
1	LINGO-1	Wayve	· 视觉—语言—行动模型，提供驾驶评论，如驾驶行为或驾驶场景的信息，以对话的方式回答问题 · 就端到端驾驶模型的可解释性而言，LINGO-1 可以改变游戏规则，并改善推理和规划
2	PaLM-E	谷歌	· 一款拥有 5620 亿参数、通用、具体化的通用模型，受过视觉、语言和机器人数据的训练 · 可以实时控制机械手，同时在 VQA 基准上设定新的 SOTA · PaLM-E 比纯文本语言模型更擅长纯语言任务（特别是涉及地理空间推理的任务）
3	RT-2	谷歌	· 将动作表示为 tokens，训练视觉—语言—动作模型。不仅可以对机器人数据进行简单的微调，还能对 PaLI-X 和 PaLM-E 的机器人动作（机器人末端执行器的 6 自由度位置和旋转位移）进行协同微调 · 互联网规模的训练能够概括新的对象，解释机器人训练数据中不存在的命令和语义推理 · 为了高效的实时推理，RT-2 模型被部署在多 TPU 云服务中，最大的 RT-2 模型（55B 参数）可以在 1-3Hz 的频率下运行
4	RoboCat	谷歌	· 可以在零镜头或少镜头（100~1000 个示例）中推广到新任务和新机器人 · 建立在 DeepMind 的多模式、多任务和多具身的 Gato 通用 AI 模型之上 · 只需很少的演示（通过遥操作）就可以进行精确调整，并重新部署为给定任务生成新数据，在随后的训练迭代中自我改进 · 可以以较快速度操作 36 个具有不同动作规格的真实机器人，在 134 个真实物体上执行 253 项任务
5	Swift	苏黎世大学 英特尔	· 是一个自主系统，可以仅使用机载传感器和计算来与人类世界冠军级别的四旋翼飞行器比赛 · 结合了 VIO 估计器和门检测器，通过卡尔曼滤波器估计无人机的全球位置和方向，以获得机器人状态的准确估计 · Swift 的策略在模拟中使用策略上的无模型深度强化学习进行训练，奖励结合了朝向下一个门的进展并将其保持在视野中（这提高了姿势估计的准确性）

机器人获得训练数据依旧困难

当然，并不是说有了大模型，机器人的训练就变得异常简单。其实相比于大模型可以从互联网上获得大量数据进行训练，机器人的训练数据则是更加难以获得。所有涉及力学的数据，例如“训练机器人端起一杯水”，科研人员并没有现成的数据可以利用。因此，为了获取数据，研究人员主要从两个方面入手：

一是从模拟器获取数据。数字模拟器和物理模拟器成为获取数据的重要来源。比如《我的世界》是全球知名的虚拟游戏，可以很大程度上模拟现实世界的活动，提供较为逼真的数据，来训练机器人所需要的相关能力。

二是通过现实机器人来获取。基于大量机器人在物理世界的互动来获取真实数据，可以更加方便地达到目的。当然这种方式对获取成本的要求也比较高。

当然，目前业内已经有机构尝试去解决机器人面临的数据挑战问题。为了解决机器人的数据问题，以及通用性较差的问题，尤其是需要根据特定环境、动作、障碍、反馈等内容的漫长训练，谷歌对外开放了其训练数据集 Open X-Embodiment。这些数据涵盖超过 100 万个片段，展示了机器人 500 多项技能和在 150 000 项任务上的表现。简单来说，谷歌联合全球 33 家机构，整合了 22 种不同类型的数据，打造了该通用数据集，并在此基础上训练了通用大模型 RT-X。这意味着 RT-X 可以在无须训练数据或者极少数训练的情况下，完成仓库搬运、家庭护理等工作。同时，Wayve 公司为自动驾驶开发的含有 90 亿参数的生成式世界模型—— GAIA-1，可以利用视频、文本和动作输入来生成真实的驾驶场景，并提供对车辆行为和场景特征的精细控制。它对训练集之外的自我代理行为和通过文本对环境的可控性表现出令人印象深刻的概括能力，使其成为一个强大的神经模拟器，可用于训练和验证自动驾驶模型。

大模型的发展，正在为机器人领域掀起新一轮创新革命：一方面机器人提供了一种在现实世界中“落地”大模型的实践道路；另一方面基于大模型，人们通过对话就可以把任务分配给机器人，降低机器人使用的门槛。

八、AI 界的“共享经济”——开源大模型

开源的价值不亚于 ChatGPT 的价值

技术的发展有闭源，就必然有开源。两者的性能会竞相追赶，交替上升。这也是技术发展的动力之一，OpenAI 和 DeepSeek 就是闭源和开源的有力证明。

如果说 ChatGPT 点燃的是大家对大模型的热情，那么开源大模型的出现则会进一步降低创业者的门槛，让更多创业者在基础模型方面处于同一起跑线上。甚至可以说，正是因为有了开源大模型才极大降低了大模型的开发成本，比如 DeepSeek 让全球都可以免费使用，能力还和 OpenAI 公司的 o1 模型不相上下。毕竟仅靠 OpenAI 一家公司难以将大模型向全球生态的形态进行发展。企业应用大模型时，不仅要关注模型的前沿能力，还需考虑数据安全隐私、成本控制等多方面因素。因此，面向企业的开源模型在许多情况下更能满足企业个性化需求，而像 OpenAI 这样的闭源模型公司可能无法完全满足这些需求。AI Index 报告显示（见图 6–2），2023 年全球新发布的大语言模型中，有三分之二的模型是开源的。未来的大模型市场可能呈现出开源模型满足基本智能需求、闭源模型满足高级智能需求的互补态势。

当然，对于大模型而言，开源的底座只是起点，我们需要在这个起点上进一步创新。在模型迭代速度不断加快的今天，过去的投入很有可能会打水漂，因此在开源底座的基础上，能够为我所用的东西更有价值。比如

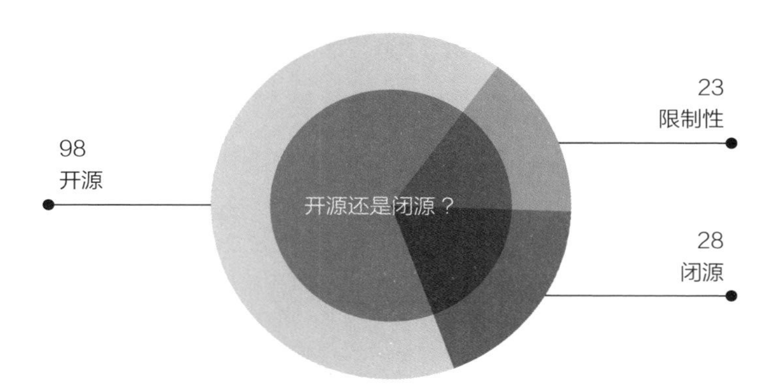

图 6-2　全球大模型开源与闭源的比例

资料来源：《2024 年人工智能指数报告》。

目前海外的开源模型发展较快，但是这类模型的中文能力一般，也没有丰富的行业场景。这反倒是我们创业的机会和窗口期。

同时，能用好开源模型也有壁垒和门槛。这是因为基于开源模型做开发，其后续的投入门槛并不低，对研发要求依旧很高。用开源模型做底座只是有效降低了冷启动的成本，具体来看：优秀的开源模型可能已经学习了超过万亿 token 的数据，因此可以帮助创业者节省部分成本，创业者可以在这个基础上进一步进行训练，最终将模型做到行业领先水平。这个过程中，数据清洗、预训练、微调、强化学习等步骤都不能少。例如 2024 年年初火爆的文生视频模型 Sora 引发全球轰动，业内也不断加快开源版本的研发。国内研究机构甚至退出了 Open-Sora 框架，并将复现成本降低 46%、模型训练输入序列长度扩充至 819K patches。

另外，更多高校、科研机构、中小企业不断深入使用开源模型，并对开原模型进行完善改进，最终这些成果也将惠及参与开源模型的所有人。以 Meta 公司开源的 LLaMa 2 为例，截至 2023 年 10 月初，Hugging Face 上开源的大模型排行榜前十名中，有 8 个是基于 LLaMa 2 打造的，使用

LLaMa 2 的开源大模型已经超过 1500 个。同时，Meta、英特尔、Stability AI、Hugging Face、耶鲁大学、康奈尔大学等 57 家科技公司、学术机构还在 2023 年下半年成立了 AI 联盟，旨在通过构建开源大模型生态，来推动开源工作的发展。目前，AI 联盟构建起从研究、评估、硬件、安全、公众参与等一整套流程。

谁为开源进行付费

对于开源模型来讲，其策略还应该是服务高价值用户，尤其是对于开放性、数据安全性和模型能力都较为看重的客户：

（1）开源模型定制版。企业在使用大模型的过程中，由于对数据和隐私的需求，需要对模型进行定制化。这对开源模型来讲是一个难得的机会，其可以针对不同类型的企业提供定制化产品。

（2）标准化 API。提供商业 API 的思路与 OpenAI 等闭源模型的思路类似，但是在实践上还有很多路径要去探索。

（3）模型推理平台。它可以为企业提供定制化服务，构建整体生态，类似 model inference infra（模型推理基础）的形态。

因此，开源模型是更加务实的选择，能优化、训练出实用的模型更是真本事。基于开源，企业是有机会做出优秀的大模型的，前提是它拥有相对领先的认知，可以对模型能力进行持续迭代。

开源大模型并不能解决一切问题。事实上，开源大模型和闭源大模型还是有一定的差距的：由 AgentBench 联合清华大学、俄亥俄州大学、加州大学伯克利分校推出的测试标准，主要用来评估大模型在多维开放环境中的推理能力和决策能力。从测试结果来看，闭源大模型的整体能力上还是远远高于开源模型的。其中 GPT–4 的得分为 4.41 分，排名第二的 Claude 得分为 2.77 分，开源大模型中的 OpenChat 得分最高，但是仅为 1.15 分。

因此，开源大模型的发展还是任重道远的。

埃隆·马斯克开源 Grok 的“难言之隐”与“野望”

2024 年 3 月 18 日，马斯克兑现之前的诺言，正式对 Grok 大模型进行开源。根据开源信息显示：Grok 模型的 Transformer 达到 64 层，大小为 314B；用户可以将 Grok 用于商业用途（免费），并且进行修改和分发，并没有附加条款。

马斯克宣布 xAI 开源，虽然引发了新一轮的创新竞争和争议，但从整个市场格局来看，Grok 的开源也是不得已而为之的决定。Grok 是马斯克创立的 AI 公司 X.ai 推出的大模型（见图 6–3）。相比于其他大模型，Grok 的与众不同之处在于其使用了 X 平台（原推特）上的语料进行训练。据称 Grok 还自带幽默感和怼人的风格。虽然得到了 X 平台数据资源的加持，但是在大模型大爆发的当下，Grok 并没有进入第一梯队。

尤其是 2024 年以来，Gemini、Claude3 接连发布，能力已经接近甚至超越 GPT–4，三者处于第一梯队的行业格局基本已确定。这还没有考虑 Mistral AI 和 Inflection AI 的奋起直追。因此，未来的基座大模型“虹吸效应”将越发明显，留给其他企业的机会并不多。Grok 借助埃隆·马斯克的影响力虽然得到了一定的关注度，但是在产业和用户中的知名度并不高，在大模型竞赛中并没有太多竞争优势。抛开马斯克本身与 OpenAI 的恩怨情仇，Grok 继续叫板的意义并不大。如果 Grok 继续走闭源开发的路径，基本上将成为人工智能时代的“诺基亚塞班系统”，被抛弃只是时间问题。届时 Grok 不仅不

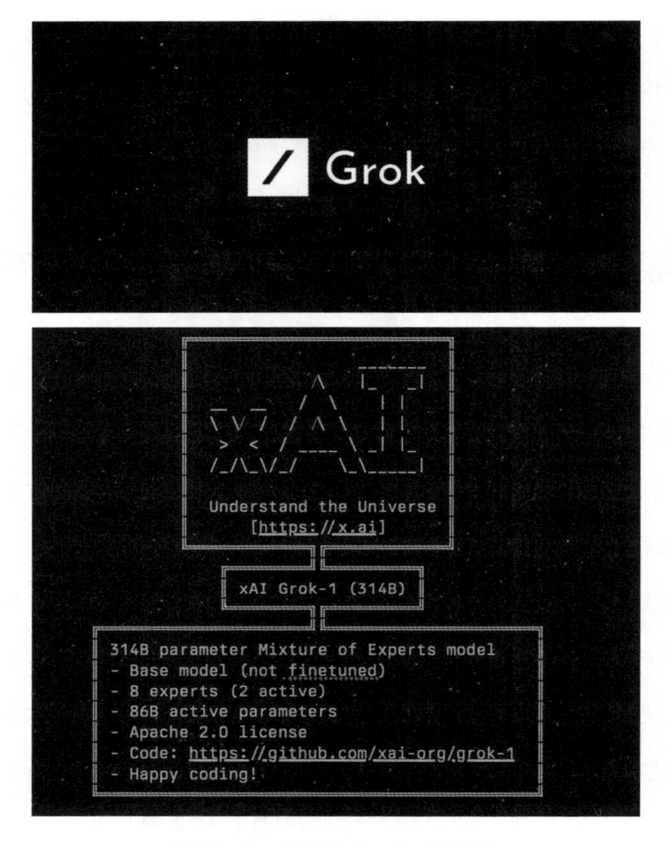

图 6–3　开源 Grok 大模型

能帮助马斯克对 X 平台实现商业化变现，还会成为昂贵的沉默成本。

因此，与其作为一个二三流的闭源大模型，倒不如破釜沉舟，通过开源为 Grok 杀出一条血路，在风口上为 Grok 谋下新的发展路径。国内大模型月之暗面 CEO 杨植麟也曾表示，领先的大模型做开源并不合理，反倒是落后者或者是小模型可以考虑开源。

从战略角度来看，“开源 +”战略或将成为 Grok 突围的新思路。

（1）“开源 + 端侧”实现“软硬一体化”

当前，主流大模型动辄万亿级的参数，需要海量的算力资源予以支持，并非所有终端都能够支持这样的成本投入。智能手机、物联网等端侧需要小巧、灵活的轻量级模型。因此，要想真正做到让 AI 可以“触手可及”，弄清楚端侧模型落地的具体需求场景更为迫切。

埃隆·马斯克在特斯拉汽车、星链卫星终端，甚至擎天柱机器人上正在构建 AI 落地“最硬核”场景：特斯拉的 Autopilot 使用了 AI 算法来实现自动驾驶功能，这将是未来智慧交通的一种重要尝试；SpaceX 发射的星舰实现了 2 秒内处理所有 33 个发动机的数据，并且能确保安全加速。未来基于 Grok 来构建软硬一体化的模型和应用生态体系，有望解决当前“基础模型和需求场景，谁来把两者衔接起来”的现实问题。更为关键的一点在于，大部分目前致力于大模型开发的公司最终将变为模型—应用一体化的企业，而且应用层的市场价值更大。

一旦通过了技术市场匹配度（TMF Technology Market Fit）、产品市场匹配度（PMF Product Market Fit）阶段，其将在生产力效率提升、泛娱乐、信息流转创新方面产生更大效益。马斯克在其他产业的布局可以更好地与之发生“共振”：一方面通过 Grok 开源，吸引更多用户和企业的调用和接入，提升通用的智能化能力；另一方面围绕自身生态和产业场景、数据方面的优势（汽车 + 卫星 + 机器人）构建更多可落地的创新。生成式人工智能正在从超级模型向超级应用转型的新起点，与其和学霸“卷”基座大模型，不如在应用侧让 Grok 率先卡位。

同时，对于一直尚未进入大众视野的“大模型安全和透明度”问题，Grok 的开源有望为大众理解大模型复杂性和安全挑战提供新的视角。毕竟，以目前的发展速度，大模型已经不是技术研发问题，而是一个全社会需要广泛参与和讨论的社会话题。

（2）“开源 + 闭源”构建“一体两翼”

开源和闭源并非死对头。事实上，在大模型领域，大量科技企业已经在探索“开源 + 闭源”的双重策略。例如谷歌在发布大模型 Gemini 的时候，能力较为强大的 Gemini Ultra 采用的是闭源策略，主要竞争对手是 GPT-4、Claude3.0 等，而 Gemma2B 和 7B 则采用了开源战略，能力稍逊一筹，但是在特定场景将有着更广泛的应用领域。

Grok 可以借鉴开源与闭源混搭的思路，以“半开源”的方式一方面释放能力给更多用户和企业，另一方面借助 X 平台的海量优质实时数据构建自身壁垒，从而在大模型的竞争中获得一席之地。

九、AI 的“健康体检”——大模型测评

通过各种测评来证明自身能力，已经成为业内的惯例，甚至不拿到测评第一名，就不好意思对外发布自己的大模型。

测评结果真的能够客观反映大模型的能力吗？事实上，让大模型参加人类智力测试，以证明大模型的能力并不科学。

测试题目的设定：测试的很多题目最初是为人类设计的，很多假设并不适用大模型。不能简单地把人类的测试题目用在大模型上，并基于此对大模型的能力进行评判。

测试表现的稳定性：人类选手在测试中能得较高分数，在类似的测试中也能获得不错的分值；但是大模型的表现则具有较大的随机性。例如在由 Meta-FAIR、Meta-GenAI、HuggingFace 和 AutoGPT 组织的“GALA”测试中，人类用户的平均得分为 92 分，而 GPT-4 的得分仅为 15 分。

选择性的测评：为了能够在测试中获得较高分数，业内已经出现针对测试题目进行针对性训练的做法，例如通过让大模型记忆答案来帮助其通过测试。

过程比结果更重要：我们不应关注大模型是否获得榜单第一，更应关注大模型是如何通过测试的。同时，我们可以运用测试动物智力的方法，对大模型进行控制实验等。

AI 大模型总结

1. AIAgent 的兴起与定义：AIAgent 作为自主智能体，代表着 AI 的下一个发展阶段，它们能够提供类似人类专家的服务，具备自主性、反应性、积极性和社交性。AIAgent 能够通过与环境的持续交互来学习、迭代，提升其知识技能和决策能力，成为 AI 技术的新焦点。

2. AIAgent 的商业与技术潜力：AIAgent 在商业上具有巨大潜力，能够提升工作效率，使高端服务普及化，并整合多个业务流程。技术上，AIAgent 的发展需要解决如何更好地理解用户需求、保护隐私，以及多智能体间的协作和通信标准等挑战。

3. 大模型与机器人的结合：大模型的应用正在扩展到机器人领域，使得机器人能够通过自然语言指令进行控制，这降低了机器人使用的门槛，并为机器人在现实世界中的应用提供了新的可能性，预示着 AI 技术与物理世界的更深层次融合。

4. 开源大模型的重要性与挑战：开源大模型对 AI 领域的发展至关重要，它降低了创新门槛，促进了技术的多样性和普及。然而，开源模型在性能上仍需追赶闭源模型，且需要构建更加完善的生态系统，以支持其在不同领域的应用和持续创新。

5. 大模型测评的复杂性与方法：大模型的测评需要超越传统的智力测试方法，采用更加全面和科学的评估手段。测评应当关注模型在实际应用中的稳定性和适应性，以及如何处理未知任务和新场景。这要求业界开发新的测评工具和标准，以更准确地衡量和提升大模型的性能。

第七章 智能生活：大模型重塑你我

一、AI 如何模拟人类智慧

大模型与神经网络的关系

DeepSeek、ChatGPT 的核心是神经网络，神经网络就是对理想化人脑的模拟。

科学研究发现，人类大脑中有超过 1000 亿个神经元，这些神经元连接成复杂的网络，每个神经元都有树枝形状的分支，会向其他神经元传递信号。

DeepSeek 等大模型的工作原理和人脑的工作方式非常类似，它其实就是由“人工神经元”构成的神经网络：一个数组被一层神经网络处理之后，会产生新的标记，然后再向下一层神经网络传输，这样依次一层层传递下去，最终会输出一个结果。

如同我们对人脑依然知之甚少一样，大模型的实现方法虽然可以得到不错的结果，但是其中的原理我们还没有办法解释。我们睡觉的时候会做梦，人们可以说出梦中的内容和场景，但是无法解释梦境是如何形成的。在大模型领域，这也是为何这么多年关于神经网络的研究一直被质疑的原因。

那么未来会有更好的方法来训练神经网络吗？

大概率会有。当前的神经网络训练都是按照顺序进行的，然后根据结果进行反向传播来更新网络权重。但是这个过程中，大部分神经网络很长时间处于“空闲”状态，权重只有一小部分被更新，其他的没有变化。同时，当前的大模型虽然输出的结果超出我们的预期，但是每次输出都需要较长时间的等待，因为每输出一个结果，都需要按照所有的权重进行计算。虽然这些计算工作可以通过 GPU 进行高度的并行计算，但是整体的工作量依旧很大。

人类的大脑并非这样工作的：一方面，人类大脑能够产生新的神经网络连接；另一方面每个神经元也是潜在的计算元素。如果未来我们能够在这两方面有所突破，那么现在经常说的算力问题可能就会迎刃而解，大模型也会更快地在智能手机等移动设备上进行部署这。就像安装 App 一样，我们可以根据不同的需求选择安装不同的大模型。

未来，如何在大量的优化策略中根据硬件资源条件自动选择最合适的优化策略组合，是值得进一步探索的问题。此外，我们通常会针对通用的深度神经网络设计优化策略，如何结合 Transformer 大模型的特性做针对性的优化有待进一步研究。

大模型的能力和你的真本事无关

大模型的应用方向有很多，其中一个让人惊艳的场景就是对信息的总结和提炼。大模型对材料的总结有两个特点：

第一，人工智能可以快速生成摘要，基本上都是第三人称视角的总结提炼。这也意味着原文中作者第一视角的语气、态度、感受等，都被剥离出去，只剩下了“满满的干货”。第二，人工智能生成的摘要主要是对材料内容的总结。文章里对事件的描述被浓缩展示。乍看起来这非常惊艳，人们可以毫不费事地直接看到结论，不需要通读全文，处理信息和材料的速度得到了指数级提升。

所以，人工智能的价值真的如其他人所说的那么大吗？

读者翻一页一页纸质书的过程中，会跟着作者感受故事里的情绪。读纸质书给读者在大脑中留下的深刻记忆似乎更值得珍惜和回味。人工智能可以帮助我们高效地查阅信息，但是如果我们希望深入吸收营养，让大脑产生更多联想和创意，那么显然“躬身入局”阅读纸质书更好一些。

二、提问的艺术——如何与 AI 有效对话

对大模型的回答尽量“宽容”

大模型时代，学会写提示词（Prompt）已经是大家的共识，但是 Prompt 除了可以被翻译为“提示词”之外，**还有鼓励、提示、提醒人说话的意思。**因此，当我们跟大模型对话的时候，Prompt 更像是在提醒人工智能“说话”。**它会在我们提示的基础上“续写”内容，从而确保“提示词”和“续写内容”符合逻辑。**

也就是说，我们问大模型的问题，之所以可以很快得到回复，并不是因为大模型的知识库里有我们所问问题的答案，而是因为大模型生成的答案在文本上是符合逻辑的。大模型其实并不知道对错，它只是在按照某个逻辑进行输出。

假如，你是《夏洛特烦恼》里的夏洛，穿越回高中时代。在课堂上，你睡着了，这时候，你的同桌秋雅戳醒你，告诉你老师正在提问。

情况 1：秋雅只是跟你说“老师问你这道题该怎么答？”。

情况 2：秋雅详细地告诉你老师提的问题是什么、讲了哪些知识，问你这道题该怎么回答。

很显然，如果是情况 2，那么你的回答会更靠谱、准确率更高。同样的，大模型也有类似的情况。它就如同一个懵懂的少年，知道很多知识，也掌握了很多技巧，但就是缺少“老师讲的那些话”的信息。因此，作为提醒人工智能“说话”的你，如果想让人工智能给出完美的回答，就应该

给它足够多的背景信息甚至是方法论，而不是仅仅给它下达“回答问题”这样的指令。

毕竟，大模型的这种“胡说八道”并非特例：**夏洛在被老师叫醒回答问题的时候，也是在努力地胡说八道，希望自己尽量不出丑。**

有了这样的一个认知，我们就可以正式进入大模型提问技巧的部分了。

问出好问题的 6 个步骤

大模型对于人们提出的问题，哪怕是同样的问题，给出的答案也会不一样。因为每个人的问法各不相同，因此提问题的方法和技巧很重要，我们需要了解撰写提示词的六个步骤。这六个步骤并非每次都要使用，但是其中的逻辑和顺序一定要弄清楚。

（1）明确任务。我们需要告诉人工智能，需要它为我们做什么，要确保任务明确、清晰。当然，任务可以复杂也可以简单，例如：生成一个为期半年的塑身与饮食计划；“分析一下这篇文章，总结出需要修改的三个核心点，并根据重要性对其他部分进行完善和分类”。

（2）提供上下文。上下文提供的信息是为了让人工智能更加清晰地理解你的诉求，从而更好地满足你的要求。这里面有三个关键点：背景情况、合格的输出标准、当前处于什么状态。有了上下文提供的信息，大模型就可以根据具体情况来输出内容。

（3）给出示例。给出示例是为了让人工智能更好地按照结构化方式输出我们想要的内容。因此，在提示词中增加示例可以更加显著地增强人工智能的输出质量。

（4）赋予身份。赋予身份就是在类 ChatGPT 模型输出之前，为其设定某个角色，例如，你想了解运动康复治疗，那么就可以把角色设定为一名拥有超过 20 年经验的康复治疗师。

（5）指定输出格式。我们可以告诉类 ChatGPT 应用，让其按照我们想要的格式来进行输出。比如你想要的是一个表格，你就应该把这个关联词输进去。

（6）调整语气语调。语气语调其实是一种感情输出。不同的语气语调可以确保内容满足你的信息需求，并且与目标受众的情感和期望相适应。

以上就是使用提示词的六个步骤，需要指出的是，并非所有步骤都是必需的，我们可以根据需要进行选择。

不仅仅是工具，还是一名合作者

不知道大家有没有发现，在设定身份的过程中，我们并没有把类 ChatGPT 作为一个工具，而是把它看作一位合作伙伴来互动。

2023 年年底，科学杂志《自然》发布了当年的十大科学人物名单。按照传统的认知，这十个人应该都是有着突出贡献的自然人。但是和往年不同的是，这次入选的有一位非人类成员，那就是 ChatGPT。《自然》杂志给出的理由是：虽然 ChatGPT 不是人类，但是过去一年时间里，ChatGPT 对科学产生了深远而广泛的影响，正在改变科学家的工作方式。我们需要深思的问题就是：ChatGPT 底层的大模型不仅仅只是一个工具，我们需要把它看作合作伙伴。

数学家陶哲轩曾表示，在让 ChatGPT 进行工作的时候，我们不能只简单输出就让 ChatGPT 直接生成答案，而是应该对它说“你好，我是一名数学教授，我希望你能扮演一位擅长提出阶梯技巧建议的数学研究合作者”，之后它才会给出好的答案。陶哲轩不仅为其设定了角色，还与它建立了协作关系。陶哲轩预测，到 2026 年，人工智能将成为数学研究和其他很多领域研究成果的合著者。

AI 的能力高低，很大程度上取决于你自己

大模型对我们每个人有没有用，取决于我们有没有用好它。

聊天机器人、文生图、文生视频、文生音频等技术每天都在发生翻天覆地的变化，如果互联网时代的产品按“年”迭代，那么移动互联网的产品可谓按“月”迭代，人工智能的产品则是按“周”迭代，其进步速度可谓“一日千里”。

在这个急剧变革的领域内，人工智能作品仍然呈现出了二八定律：好作品、优质成果非常稀少。人工智能可以快速生成并针对每个人的认知进行结果呈现，如果我们跟着人工智能的新闻跑，看到的只能是眼花缭乱的碎片化信息，被各种“炸裂”的信息“撞”得晕头转向。因此，我们需要放慢脚步，先确认一下自己是否具备逻辑思考能力。

使用大模型的技巧更多地聚焦在“术”上，逻辑、审美、认知属于“道”的范畴，需要长时间的滋养。

大模型是放大器，不是许愿器。使用大模型的人要先立得住，人工智能才能真帮得上忙。

三、人类与 AI 的创作：谁是真正的艺术家

你是否发现，在很多公共场合中已经出现了大量 AIGC 生成的广告图像（见图 7–1），比如在地铁、在购物网站里，AIGC 生成的图像已经能够达到以假乱真的效果。

图 7–1　AIGC 文生图在广告中的应用

AIGC 绘画的惊艳表现

AIGC 在绘画上的魅力和惊艳表现，主要来自两个方面：一方面是在语义理解、生成内容的合理性和图片效果上的技术突破；另一方面是其效果能超出我们的心里预期。

首先是语义理解。不同语言对同一个词的理解各有不同，因此我们需要通过优化算法来提升模型对细节的感知能力和生成效果，从而避免多文

化差异下的理解错误。**其次是内容的合理性。**人工智能生成的内容在细节上不够到位，因此我们需要在大模型中增强算法模型的能力，从而让其生成的图像细节更加合理。**最后是画面质感。**我们既需要用多模型融合的方法提升生成内容的质感，同时还需要对不同细节进行效果提升。

用 AI 绘画，和与人类画师沟通非常类似，我们需要用文本描述来告诉 AI 需要生成什么样的画作。我们可以用自然语言描述或者用排列关键词的方式，输出提示词，来生成我们需要的画面。

自然语言描述，即用直白的沟通方式和描述方式，写下对画面的想象和期待。以下均是通过 AIGC 生成的不同类型的图像（见表 7–1）。

表 7–1　AIGC 绘画自然语言类型提示词与图像类型

序号	类别	风格	提示词	生成效果
1	真实感人像	摄影风格	生成一幅照片：可爱的亚洲 4 岁女孩，穿着棉质连衣裙，大眼睛，古代中国，汉服，摄影风格	
2			生成一幅图片：一个年轻小伙子在飞机场，穿着运动装，背双肩包，飞机场内部，高度详细，摄影风格	

续表

序号	类别	风格	提示词	生成效果
3	真实感人像	摄影风格	生成一幅图片：一位老爷爷站在乡野小路，穿着朴素，旁边是稻田，远处是山峦，近景，摄影风格	
4			生成一张图片：一座城市CBD大楼，现代化设计，高层建筑，玻璃幕墙，近景拍摄，摄影风格	
5	真实感场景	摄影风格	生成一张图片：云海，夕阳，云层层叠，宁静悠远的气氛，远景，摄影风格	
6			生成一张图片：万里长城，真实感，夕阳西下，摄影风格	

续表

序号	类别	风格	提示词	生成效果
7	风格人像	迪士尼动漫风格	生成一张卡通人像：穿着淡紫色衣服的年轻女孩，头发是黑色、卷曲长发，戴大框眼镜，迪士尼动漫风格，宁静面孔，民俗肖像	
8		可爱Q版	生成一张图片：拿着奶茶的熊猫，扁平插画，可爱Q版	
9			生成一幅画：一位男孩，穿着灰色夹克和黑色衬衫，坐在一张桌子前，桌子上堆满的电子产品，一只机械狗在旁边	
10	风格场景	3D风格	生成一幅画：生成3D战争场景，城市战区，废墟成片，焦黑的建筑，空气中硝烟弥漫	

续表

序号	类别	风格	提示词	生成效果
11	风格场景	CG 风格	生成一幅画：一个小姑娘在森林里奔跑，带着机械小狗和小猫，身旁飞着萤火虫和灯笼，月亮很亮、氛围感，CG 风格	
12	古风	水墨风格	生成一张图：空山新雨后，天气晚来秋，水墨风格	
13		水墨风格	生成一张图：轻舟已过万重山，水墨风格	
14		水墨风格	生成一张图：人似秋鸿来有信，事如春梦了无痕，水墨风格	

如果要生成特定风格的图片，我们需要在提示词中加入特定风格的描述，比如油画风格、动漫风格、水墨画风格、赛博朋克风格等。如果没有明确的风格要求，模型会随机生成常见的风格样式。

描述的画面要尽可能详细，比如“生成一幅照片：亚洲女生，黑色长发，迪士尼风格，民俗肖像，宁静脸孔，背景有枫叶”，效果如图 7–2 所示。当然一次生成你想要的图片很难，我们需要多次调整提示词内容。

(a)

(b)

图 7–2　用提示词“生成一幅照片：亚洲女生，黑色长发，迪士尼风格，民俗肖像，宁静脸孔，背景有枫叶”生成的两幅图像

注：由腾讯混元大模型生成。

AIGC 绘图可以完美融入工作中吗

当我们带着明确的需求和目标去使用人工智能工具绘画的时候，结果可能会有不同。这个时候，AIGC 生成的结果可能不是我们想要的内容，我们在这种场景下就会变成一个挑剔的甲方，会提出各种需求，但是诸多细节还难以通过 AIGC 得到完美的解决。这是因为 AIGC 还有很多的局限性，生成的结果有较大的随机性。但是这并不意味着我们不能利用 AIGC 绘画来实现我们的目标。事实上，通过调整对 AIGC 绘画的预期，我们可以充分利用它的优势，创造出令人惊艳的作品。

因此，我们可以将人工智能绘画工具和电梯、楼梯做类比。

现阶段的人工智能不是电梯，还无法让用户不费力气地直接到达想要去的楼层。现阶段的人工智能更像是楼梯，借助它我们可以到达想要去的楼层，但是需要自己一步一步爬上去，需要付出努力。

人类创作有哪些独到之处

人类创作，如果套用生成式人工智能的说法，可以被叫作“人类生成式”作品，指的就是人们利用自己的知识、经验和创造力来生成文本或者内容。人类创作可以基于一个主题、一个目标，通过联想、想象、创新等方式，天马行空地创造出新的内容和作品。这种创作是基于长久以来的文化素养和语言积累、社交经验和认知方式来实现的，是一种复杂的能力，也是人们的智慧与创造力的体现。

也就是说，人类是具有创造性的。这种创造性超越了简单的匹配模仿和预测，可以根据场景、主题、目标以及创作者本身的情感状态等因素，创造出独特表现力的作品和成果。

每个个体的生活经验、阅历、知识积累、审美观念以及情感体验都是不一样的，甚至是独一无二的，这些促使人类生成的内容可以更加多样、丰富，甚至不具备可预测性。尤其是在音乐、艺术、文学、诗歌等创作领域，人类的创作一直发挥着重要作用。正是通过这种创造性思维、情感化的交流和文化艺术性的表达能力，人们才可以源源不断地创造出令人惊叹、触动心灵、引发深思的经典作品。

那么，机器创作呢？

事实上，以ChatGPT为代表的生成式人工智能，已经让我们看到了人工智能也能够用于生成内容。目前生成式人工智能的创造性受到了很大的限制，因为生成式人工智能工作原理是基于模型和算法来进行预测的。大语言模型的原理“预判了人们的预判”，也就是说它可以通过学习人类的知识，从而判断输出的内容哪些更加符合人们的思维习惯。这一机制让生成式人工智能产生的内容更倾向于规则性、可预测性，而缺乏人们与生俱来的情感理解、价值观等因素。因此生成式人工智能距离人类创作水平，还有很远的距离。

可以说，人类的创作和生成式人工智能是两种不同的创作方式。人类的创作具有感性、多样化的特点；生成式人工智能则具有高效、快速、规范的特征。现实工作中，我们可以根据具体情况将两者进行结合。**我们可以把生成式人工智能和人类的创作加以结合，从而增强创造力和表达能力。**

（1）**人类创造力作为引导。**生成式人工智能基于已有数据和模型进行内容生成，而人类可以提供创意、灵感和思维，来引导和影响人工智能的生成。人类的创意可以引导人工智能生成更具有创造性和独特性的内容。

（2）**人工校对和编辑。**人机协作一个典型的领域就是文本写作，我们一方面可以用人工智能生成文本初稿，然后人工自己进行编辑和校对，进一步提升文本质量。作者可以等对生成的内容进行润色和完善，从而使得内容更加准确、流畅，易于理解。

（3）**人机交互生成。**通过与人类的实时交互，人工智能可以不断根据人类的反馈和指导进行完善和调整。人类可以向人工智能提供反馈，帮助人工智能进一步纠正错误，使得生成的内容更加符合人们的需求和期望。

（4）**借助人工智能处理海量数据。**人们在处理海量数据方面能力明显不如人工地智能。尤其是需要高效、大量地处理数据的时候，人们需要借助人工智能的力量来更好地发现数据中的规律、模式和特点，从而为生成式人工智能产品提供更多灵感和创意。

可以看出，人机交互会在不同程度上发挥作用，二者在不同场景中各有侧重。

Sora 给行业带来的思考

2024 年年初，OpenAI 又开了一次超乎人们想象的发布会，其首款文生视频模型 Sora 正式对外亮相。Sora 的效果在科技圈内不断刷屏，不仅能够根据文字创造出以假乱真的场景，而且生成的视频时长能达到 60 秒。以至于很多人对于 OpenAI 新技术的发布，如同期待苹果乔布斯时代的发布一样，总有超乎预期的技术让人眼前一亮。从 ChatGPT、DALL-E3，再到 Sora，如果用一句话来总结 OpenAI 的与众不同之处，那就是：**技术想象力和工程能力，要远比技术路线或者黑科技重要。**

（1）**想象力和工程化的爆发，生成视频技术逐渐收敛。**在 Sora 之前，我们看到的大量文生视频技术尚未实现技术收敛，主要技术路径是通过各种办法让单帧的图片“动”起来，类似定格动画。而从用户实际需求来看：视频每一帧之间的连贯性与自然度是体现视频价值的关键，也就是说，视频每帧语义信息的无缝衔接才是核心。

单从技术创新度来看，Sora 的技术和方法并非石破天惊，也谈不上从 0 到 1 的创新，其他机构也有相关研究，但是 openAI 的整体工程呈现效果非常好。而这也是 Sora 在技术上的巧妙之处：**在视频帧上做突破，巧妙地提升生成视频的使用上限。**

这其中与文生视频技术难收敛、工程难落地有着密切关系。而把 Transformer 引入文生视频的扩散模型中，实现视频帧之间的语义信息预测，就可以让语言模型在其中发挥出巨大的价值。也就是说，**Transformer+Diffusion 模型，终于在 2024 年年初实现了融合，不再是独立的两条发展路径。**文本模型的连贯性和可扩展性，可以在视频模型的基础上把用户的感知效果提升多个层次，让文生视频可以进一步接近商用奇点。

在这方面，OpenAI 已经在 ChatGPT、DALLE-3 的工程化上实现突破，这次更是把以上模型成果有机融合起来，把工程化能力发挥到极致。

（2）好莱坞式的大片，离素人越来越近。2023 年及以前，文生视频的模型虽然出现了 Runway、PiKa 等现象级产品，但从整个行业来看，把扩散模型和语言模型相结合的工作并没有被业内放在“最高优先级”。可以预见，随着文生视频技术的收敛，生成视频技术的使用门槛降进一步降低，将帮助人们完成大量工程化的工作，可以媲美好莱坞水准的视频解决方案将会出现。

会给短视频行业带来巨大想象，普通用户可能无法通过 Sora 制作好莱坞大片，但是制作一个 60 秒的高质量短视频，似乎近在咫尺。

（3）与其期待 Sora，不如期待 AI 视频剪辑软件的普及。从单点的突破来看，Sora 具有里程碑意义；**但是从商业化需求和混剪工作流效率提升来看，Sora 本身的价值还有待商榷。**

通过提示词来进行视频生成一直存在理解偏差的问题，这一问题在 ChatGPT 使用过程中依旧没有得到解决。即使 Sora 全面放开使用，普通用户也难以做出如当前演示案例般的 Demo。最终决定 Sora 是否能够普及的关键，是工具本身是否能够提升人们的工作效率。

是买家秀，还是卖家秀，仍需要时间的检验。

（4）生成视频领域的机会。生成式人工智能领域，科技企业都在不断发力。Meta 在几乎同一时间发布了 V-JEPA，可以不进行微调就能够应用各种需要知识的任务中，而且 V-JEPA 是在特征空间进行自监督学习的，效率更高。至于哪条路会通往最终的通用人工智能，目前尚不可知。谷歌上线了 Gemini 1.5，可以支持 10000K token 的上下文，使得大模型的输出更加连贯、实用，多模态变得更加流畅，工程化不输 OpenAI。Runway 和 Pika 等之前的文生视频产品，依旧可以在人工智能时代获得一席之地。Sora 应用的是 Transformer+Diffusion 模型，从模型架构来看，如果以 Transformer 为基准，那么文生视频依旧是龙头科技企业更有优势；但是如果生成式视频架构依旧围绕 Diffusion 展开的话，创业企业机会更大一些。

没有一骑绝尘的技术，只有螺旋式上升的产业繁荣。

Sora 虽然可以一次性生成几十秒的视频，但是真正在应用阶段，如果产品没有提供足够多的微操作空间，确保用户能够通过微操作将其整合到自己的工作流中，那么大概率 Sora 仍会距离用户越来越远。即使是 ChatGPT 已经问世一年多的今天，还有大量用户没有使用过聊天机器人，这也为开源社区迎头赶上创造了窗口期。

永远有新产品出现，技术的扩散才刚刚开始。

四、超级个体：AI 时代的“新人类”

超级个体，是否意味着在人工智能的帮助下，一个人就是一家公司？很显然，这样的理解可能是狭隘的。未来的公司发展模式将由三个因素构成：超级个体、专业模型和人工智能团队。而这三个因素又是通过数据要素相互串联，形成共振。

独一无二的你，独一无二的数据

每个人在工作和生活中都会积累独特的数据，这些数据资源在未来人工智能时代将成为每个人的核心竞争力以及个人商业竞争的优势。

对于个人而言，理解独家数据非常关键。因为目标可以共享，资源可以撬动，但个人的数据资源是可以与众不同的。例如你是一名设计师，你积累了自己的工作流程、设计风格等个人数据，通过大模型和人工智能工具的合作，可以把它们转化为具有鲜明个人标签属性的产品。例如，有人通过重建离世女儿的声纹和记忆库，上传到微软小冰开发的虚拟人软件 X Eva 上，构建了离世女儿的数字生命。只要不关机，女儿就永远在线。而这一场景的实现，核心是需要收集声纹数据，以便让人工智能学习对方的腔调和音色。

梦想照进现实，我们在《流浪地球》里看到图恒宇想念自己女儿丫丫的场景，正在逐步成为现实。

同样，对于职场的打工人来讲，换工作是一件再正常不过的事情了。

经常换工作看似可以学习不同的技能，实现全面发展，但实际上频繁跳槽意味着很难在一个领域中积累足够深厚的个人数据，这将导致个人的数据壁垒不够强大，容易被人替代。

“一人公司”运行模式

传统企业的本质是一个协同体系，它可以高效地将一个个毫无关联的个体串联起来，完成单个人难以实现的目标和使命。但是人工智能拐点的到来，让我们开始重新思考企业与个体之间的关系、角色和价值，尤其是人工智能工具的丰富，让每个个体都具备了更大的想象力和竞争力。无论是创作者还是决策者，都需要面临生产力和生产关系的重构。

超级个体的未来，意味着你一个人就能管理一家公司，通过人工智能助手、AI Agent 来协助你对任务进行分解、模块化，之后自动化执行。OpenAI 发布 Sora 的时候，项目团队只有 13 个人，奥尔特曼也表示未来会有大量的“一人独角兽公司”，成为超级个体似乎近在眼前。例如，Pika 积累到 50 万用户、5500 万美元融资、2 亿美元估值时，只有 4 个正式员工；Carrd 积累到 260 万用户时，团队不超过 3 个人。回顾移动互联网的历史，我们会发现这样的场景在过去也曾经出现过：Instagram 被 10 亿美元收购的时候只有 13 名员工，WhatApp 被 190 亿美元收购的时候也只有 50 人。这些小团队的成功并非偶然，而是凭借对人工智能的敏锐洞察和独特理解，借助 AI 的力量实现了快速增长，从而获得了公司维持运营、扩张的新融资。

这就意味着一个人可以经营多家不同的公司，只需要设置好业务系统即可。这一变革将在我们未来的工作方式和产业模式上形成质变，最终引领新的产业和社会发展方向。

那么怎么辨别不同超级个体的区别呢？

1. 超级个体的竞争力

超级个体的竞争力将主要取决于对模型性能、工具选择以及执行步骤的理解上。比如一项任务，A 可能仅需要三个步骤完成；B 可能需要 7 个步骤才能实现，这就意味着 A 可以在时间、算力等成本上获得优势。因此执行步骤的优化、模型选择等方面，将是区别不同超级个体的关键所在。此外，AI Agent 不仅能够提高效率，在与业务结合的时候还可能会提出更好的策略，为人机协作提出更好的解决方案。所以当 AI Agent 能够发现更好的解决方案时，也会将其变为人们的最佳选择，从而促使效率进一步提升，成本进一步下降。

因此，未来的协同不仅仅是企业与个体的协同，也是个体与人工智能的协同。无论是哪种协同，都需要串联起更多、更强大、更富有创造性的个体，才能够攻克更多难题。

2. 把你的能力“模型化”

我们还需要关注“能力模型化”。大模型不仅仅是聊天、回答问题。事实上大模型与产业结合才会形成更强大的生产力。因此，我们需要重新审视自身的自主决策、主体性，定位我们的意义和角色。

过去我们可能更加关注单一技能的高低，但是在超级个体时代我们需要将技能和能力模型化，尤其是将自己的能力模型和人工智能模型进行结合，从而最大化自己的能力，这不但影响你的个人表现，还将影响未来的商业模式。在成为超级个体的路上，我们需要将自己的能力模型化以适应不同的模型结构，只有这样才能够与模型进行协作。

未来，人的价值将不仅仅局限在技术使用者和创造者，更在于成为思考和决策的超级个体。

人类和人工智能协同有多重模式

在传统公司或组织中，工作更多的是人与人之间协同，其中沟通协调工作成为企业内部员工需要耗费大量精力的事项，尤其是在大型公司中，这类工作通常非常烦琐。

未来，人类与人工智能协同的模式主要有三种（见图 7–3）。

第一种是嵌入模式。嵌入模式中人类是工作项目的主导方，由人类设定任务目标，其中某些任务由人工智能可以提供信息或者建议，但最终是由人类自主完成目标。人类在整个过程中完成了绝大部分工作。

第二种是副驾驶模式。副驾驶模式中人工智能承担的工作不断增加，目标依旧由人类设定，但其中某些流程将由人工智能完成初稿，人类用户则重点聚焦于初稿的修改、完善和确认工作，并自主完成目标。

第三种是自主智能体模式。自主智能体模式中在确认和完善阶段工作将由人工智能完成。人类用户主要负责设定目标、提供资源和监督结果。人工智能获得授权，通过任务拆解、工具选择、控制进度等，将最终结果反馈给人类用户。

想象一下，3 年后的你开了一家 50 人的公司，但是这家公司除了你之外，其他 49 个都是人工智能工具：AI 产品经理、AI 研发、AI 测试、AI 项目经理、AI 客服、AI 财务等。当然这 49 个人工智能工具并非全能，你还需要面临很多问题：首先是能力问题，这些 AI 工具并非某个领域的专家，但是经过微调之后可以达到中等水平；其次是信任问题，AI 工具在工作过程中会出错、会有幻觉，甚至需要在每个岗位增加一个质量监督员；最后

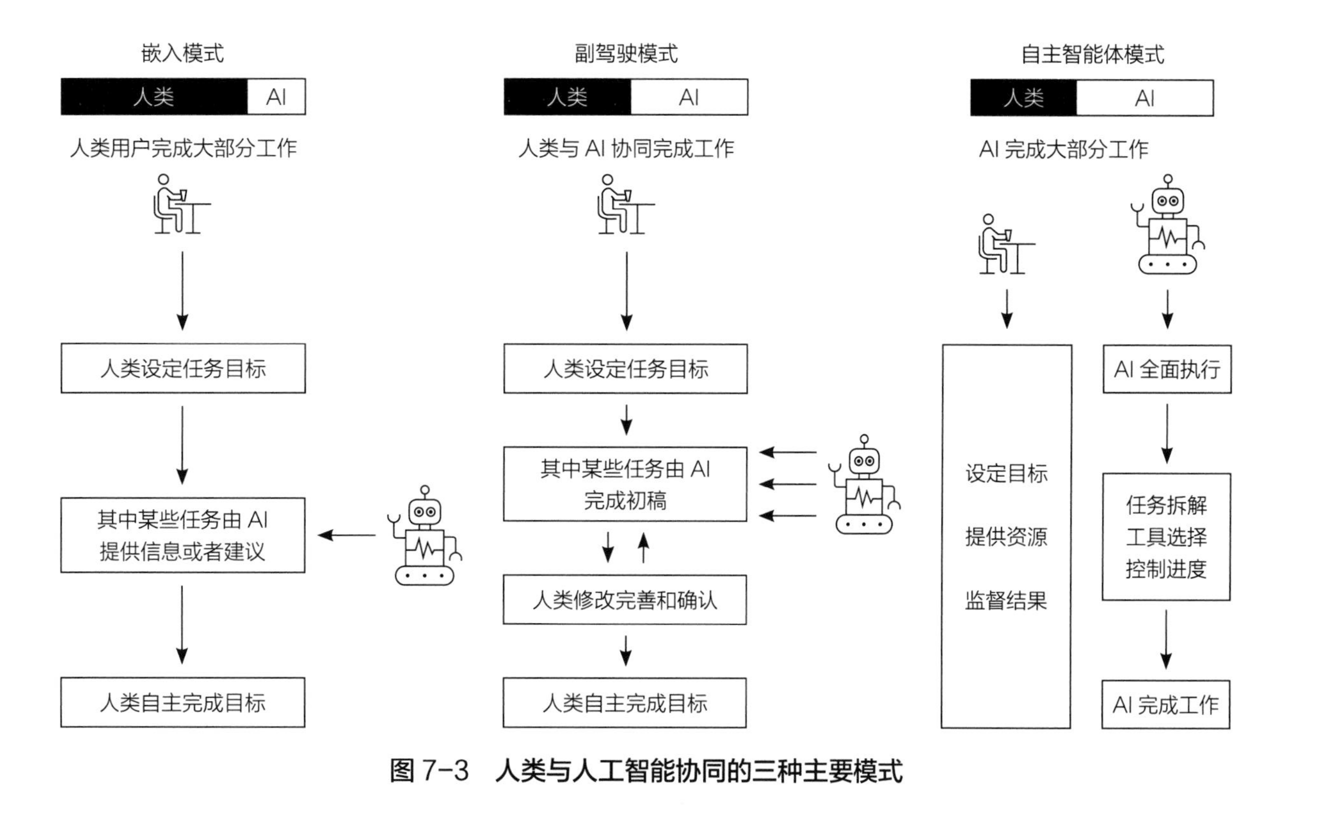

图 7-3　人类与人工智能协同的三种主要模式

是协作问题，需要将 Agent 理念进行落地，让不同 AI 工具进行协作提高效率。目前，我们看到大量的公司依旧在依靠人力杠杆来产生规模效应，编程、设计、研发、文案等职位需求旺盛，未来这些职位或许将留给人工智能工具或者数字虚拟员工。

如果说当前的超级个体时代和过去的超级个体时代有什么不同的话，那就是未来和你我并肩作战的不仅仅是同事，还有大量拥有专业能力、24 小时不知疲倦的智能体和我们一起工作。你需要指挥的不是 100~200 人的团队，而是 100~200 个智能体。

面对未来场景，我们还能做些什么

一是培养跨学科技能。人工智能对每个人都会产生影响，但是我们不能仅仅把精力放在掌握当前的技术上，还应该把精力放在培养强大跨学科技能上，包括哲学、传播学、批判思维等，了解人工智能如何与商业、社会相融合，因为人工智能并不是孤立的，它是复杂社会经济结构的一部分，这将有助于我们在人工智能时代脱颖而出。保持好奇心，坚持终身学习才是关键。

二是了解人工智能的局限性。虽然人工智能很强大，但是人工智能并不是所有事情的完美解决方案。我们需要尽可能多地听取不同人的意见，从不同角度来进行分析，从而得出自己的结论。同时，技术发展史给我们的启示是，在新兴技术中，有些会盛行，有些会销声匿迹，有些仍在等待机会。因为，我们需要更加客观地关注这些技术底层的基础知识，从而更好地从新兴趋势中受益。

三是理论和实践的结合。人工智能虽然可以生成大量内容，但是我们仍旧需要在没有人工智能的支持下，不断提升自己的写作技巧。把人工智能当作工具，而不是拐杖，可以在我们现有工作中都去尝试将人工智能融入其中，让人工智能的研究和现实问题的解决融为一体。

人工智能正在帮助我们进入一个超级创作者或者是超级个体的时代，以后每个人都可以成为一名超级创造者。**我们需要做的不是去弥补我们的短板，而是找到我们每个人感兴趣的长板，并利用人工智能去无限放大它。**因为通过人工智能有可能把我们某一点最核心的认知放大到一个无法想象的高度。所以每个人都会变成超级个体。无论你对星座、工业、编程还是绘画感兴趣，都会被无限放大，来服务整个社会。

最后，在我们快速适应和上手各种人工智能产品和解决方案的时候，也需要考虑一个问题，那就是我们作为一个个体，存在的价值是什么？我们的人生使命又是什么？

Sora 的发展会给影视行业带来变革，但是宫崎骏的动画依旧无法替代、鸟山明的《龙珠》依旧是每个人心中的挚爱。因为只有人能利用 AI 创作那些触动他人、启发他人或者服务他人的内容，而目前人工智能做不到。同样，人工智能在医疗领域有着深远的用途，但是并不能让人长生不老，而是让更多老年人通过技术获得更有尊严的晚年，让昼夜不停看护患者的护工减轻工作的压力和痛苦。需要指出的是，人工智能并不是硅谷的专利，也不是互联网大厂才能参与的高端项目。我们每个人都需要在人工智能时代里找到自己的角色和位置。只有把人工智能当成一个合作伙伴，把人类当作这个伙伴的创造者和共同协作的决策者，做那个让 AI 被正确使用，变得更好的人。只有这样，我们在 AI 时代的未来才会朝着正义、希望、仁爱的方向发展。

五、职业变革：大模型是“终结者”还是“赋能者”

部分职业消亡是必然

和任何一种新技术出现的影响类似，大模型的出现也会让一些职业消亡。比如传媒行业和模特行业就面临较大挑战。具体来看，交互革命会影响我们每一个人：DeepSeek 等大模型会进一步推动交互方式的变革，交互方式变化会引发“蝴蝶效应”，对人们更直接的影响就是一些工作会被替代掉，**尤其是那些在电脑面前久坐的人，可能会首先被替代。**

当前人们使用计算机，核心工作是把自然语言翻译成机器能够懂的指令。因此，在这个定义下我们会发现程序员和普通的文员在工作上没有本质区别，一旦计算机不需要人们把自然语言翻译成机器指令，甚至可以直接理解自然语言指令之后，前面提到的这些类型工作的价值就会急剧下降。也就是说，AI 降低了执行专业任务所需要的技能门槛，使得原本需要高技能的工作变得易于执行，传统的高技能工人相对于低技能工人所享有的溢价会大幅降低。以程序员的工作为例，大模型与 DeepSeek 时代，尽管有争议，但程序员的门槛确实会越来越低，不过上限都不断提升。

这种变化一直存在。互联网时代，职业一直在变化，从未停歇。传统媒体的从业者，从报纸到网站，从网站到公众号，从公众号到短视频，文字生产者使用的工具和工作的场景一直在变，岗位从编辑到运营，从直播带货到提示词工程师，一直都在变。在大模型时代，大家提及最多的客服岗位，未来也将由传统客服向智能客服转变，未来的客服竞争力并不在于回答问题本身，而是能够整合分析信息，反哺企业运营和销售端，在与客户对话中发现问题，提高转化率。

这种改变有错吗？

400多年前，地球上根本不存在报纸和杂志，更别说对应的职业了。还是400年前，我们现在司空见惯的公司才在地球上被发明，我们现在大部分人的工作存在时间也不过几十年而已。因此，我们没有什么好害怕的。职业变化是必然趋势，这是技术推动经济社会发展的必然选择和结果。对于每一次技术创新周期，总有人欢呼雀跃，也有人嗤之以鼻。但是这些都不会改变技术的发展。我们应该做的是不断地尝试与探索，而不是要等到技术发展到全民皆知的时候，别人都会了，而我们还不懂。

大模型降低了门槛，也提升了上限

以程序员的工作为例，大模型与ChatGPT时代，尽管有争议，但是程序员的门槛确实会越来越低，不过上限却不断提升。

编程语言从最早的打孔式编程，再到汇编语言，之后是C语言、C++、Java以及大家都听说过的Python。这些编程语言的发展有一个清晰的路线，那就是语言变得“越来越简单”，即编程。语言越来越接近自然语言。这里的自然语言可以是英文，也可以是中文。从这种角度来观察，未来掌握更高级的编程语言的程序员数量也会持续增加。也就是说，未来自然语言即编程语言，人人皆是程序员，只需要打字或说话，就可以把自己的需求变成程序。以至于OpenAI的联合创始人卡帕西（Karpathy）也公开表示，英语是最好的编程语言。当然，英语是不是最好的编程语言不好下定论，但是通过自然语言来编程的大门已经打开。

另外，编程能做到事情将更加丰富，想象空间更大，对程序员的复合性要求将只多不少。毕竟技术不是万能的，懂技术的人员也只是掌握了大模型的一部分真相，还需要用户、产品、商业化等落地视角。

大模型如何融入你的工作流中

大模型虽然火热，但是大部分人还是认为人工智能没有办法一步到位地解决自己面临的问题或工作挑战。

事实上，**想让人工智能解决所有问题并不现实，我们需要先“拆解”自己的工作流，看看哪些地方可以发挥人工智能的优势。**福特汽车公司的流水线证明了这一点：当年的福特管理者发现，整个汽车生产工作包含7882项，经过全面分析和拆解之后，他们发现其中只有949项重体力工作需要强壮的男性工人完成，另外3338项工作普通人就可以胜任；而剩下的3595项工作，甚至可以分配盲人和残疾人来完成。

再比如，程序员经常使用的Git Hub Copilot，成为典型的工作流智能工具不仅在于其可以生成大量代码列，还充分考虑程序员日常编程习惯，尽可能在不影响代码生成环境和习惯的基础上，通过标准化产品套件融入代码生产环境，并在这个过程中实现“数据飞轮效应”，提高壁垒。

类似地，还有Adobe、腾讯会议、Office系列软件、WPS AI等，通过产品化、工具化来把大模型融入用户真实的工作流程当中。

未来我们在制作短视频、撰写公众号、制作游戏等垂直场景里，有望把人工智能融入素材获取、加工、编辑，甚至成品制作等全流程融合，真正实现大模型构建生产力工具的“一条龙服务”。

普通人能做哪些应对

回顾过去，我们会发现机器的出现也让很多人担心机器会替代人类，造成广泛的失业。但是当时失业的并非普通的纺织工人，而是有经验的熟练纺织工人。原因就是工业革命把专家经验固化到了自动化系统之中，使得没有经验的人通过操作机器或者系统，就能够做出更好的产品。

当下，我们要做的事情有三个步骤：

1. 把人工智能的工具应用到具体场景中

只有把人工智能的新应用用起来，融入具体的场景和工作中去，我们才能够切身体会人工智能到底会取代自己的哪些工作内容，以及取代的程度有多深。同时还能真切地发现人工智能在哪些方面可以真正落地并解决我们的问题。对于新技术和新应用，早期使用者的最大优势在于，可以更早地发挥出科技的价值，来提高生产力和生产效率。

“Monkey first”是谷歌 X 部门的一个口头禅，意思就是说解决问题的时候首先要关注最核心的部分。例如，如果你的任务是让一个猴子在台子上背诵莎士比亚的作品，那么“Monkey First”的策略就是将时间和资源集中在训练猴子上，而不是建造台子上。因为建造台子，并不会帮助我们解决如何让猴子背诵作品这一核心问题。对于普通人而言，最关键的不是花里胡哨的人工智能使用技巧，而是如何借助人工智能来提升我们的核心竞争力。

如果你只是尝鲜，用人工智能问问脑筋急转弯、看看人工智能是不真的聪明，找找优越感的话，那么只能沉浸在短暂的舒适区。

2. 探索新的生产模式

从机器诞生到现在，人总是比机器更灵活，而且人们可以干各种各样的工作，机器多半只能完成一件事情而已。但是当大规模的生产体系出现在人们面前的时候，人们才意识到个体的渺小。

因此，在大模型时代我们需要避免重蹈覆辙。新一轮的科技进步，其节奏依然是依靠积木式创新不断叠加组合，也就是说新的科技在展现巨大能力的过程中，也存在大量短板和不足，通过性能调优和组合式创新才能释放最大的价值。

蒸汽机是瓦特改良的，但是真正发挥价值的是使用蒸汽机进行生产的企业家。汽车让运输行业效率大增，但是电商行业为运输行业带来巨大发展，并把其发挥到极致，以至于次日达成为诸多电商平台的标配。

人工智能在当下展示出了各种能力，但还需要一个真正的伯乐。伯乐不但理解人工智能工具的各种优势和不足，还要对自身业务体系有着深刻的理解和洞察，通过使用人工智能技术来重塑业务流程。从我们最熟悉的业务入手，思考它的关键要素有哪些，哪些方面是自己最擅长的。明确了这些之后，再思考如何使用 AI 来进一步扩大这些优势。未来将出现更多整合了人工智能的全新方案，来应用到各行各业之中。

3. 物竞天择的根本在于适应变化

当大多数人还在嘲笑各家大模型不够智能的时候，已经有很多人开始行动起来，在技术和工具的加持下实现快速追赶。比如波士顿咨询公司将咨询顾问分类高低两个组，同时使用 GPT-4，最终结果是低水平顾问的服务质量提高 43%，高水平顾问仅提高 17%。高低两组绩效差别从 22% 缩小到了 4%。

与其让人工智能定义我们的未来，为何不自己掌握主动权？

越来越多的企业和个人开始发现使用人工智能的好处，同时技术的变革不会因为个人的理解而改变，在趋势面前我们需要顺势而为。因此，在我们最熟悉的业务上，AI 到底能干成哪样，还没人知道，我们只能一点点地尝试，测试多次到确认可行后，再进到下一个阶段。就像互联网时代的“精益创业”，先用最小可行产品（MVP）把模式跑通，再去不断迭代和放大。

与其在不久的将来去适应别人制定的新规则、新体系，倒不如利用先发优势适应变化、拥抱变化，成为规则的制定者和先行者。

AI 大模型总结

1. AI 模拟人类智慧：大模型通过模仿人脑神经元的连接和信号传递机制，构建了类似人脑的神经网络。尽管大模型在输出结果上表现出色，但其工作原理和人类大脑的确切工作方式之间仍存在差距，未来可能发展出更高效的训练方法。

2. 提问的艺术：与大模型有效对话需要技巧，包括提供充分的上下文信息、明确任务、给出示例、赋予身份、指定输出格式和调整语气语调。这些步骤有助于引导大模型生成更准确和有用的回答。

3. 人类与 AI 的创作：AI 在绘画和创作领域的应用正在增长，但人类的创作具有独特性，能够提供情感、联想和创新。AI 创作虽高效规范，但在创造性和情感表达方面仍有局限。

4. 超级个体的崛起：在 AI 时代，个人可以通过积累独特的数据和利用 AI 工具成为超级个体，管理多家公司。这要求个人理解并优化自己的数据资源，并将个人能力模型化以适应 AI 的协同工作模式。

5. 职业变革与适应：大模型可能使某些职业消亡，同时创造新的工作机会。个人需要适应变化，通过学习新技能、探索人机协同工作模式，并积极拥抱技术变革，以保持在职场的竞争力。

第八章 智能时代的变革：大模型带来的冲击

一、经济革命：AI 如何重塑经济格局

DeepSeek 正在重塑传统的内容生产和获取方式，简化知识获取和创作的难度。事实上，人工智能技术并非突然间出现的技术产物，这一时刻其实已经酝酿了几十年：半导体的发展在过去半个世纪为我们提供了超强的计算能力，互联网为模型提供了数万亿的训练数据，云计算和智能终端让每个人手里都有一台超级计算机。也就是说，过去半个多世纪技术的进步，为生成式人工智能的起飞奠定了坚实的基础。

人工智能产业预测

红杉中国发布的《2023企业数字化年度指南》显示[①]，人工智能技术能

① 2023 红杉中国企业数字化指南：生成式 AI 如何驱动新一轮数字化变革，2023-09-21.

够通过优化运营流程、减少人力资本、节省时间等方式，帮助企业实现成本降低。在受访的 235 家企业中，有 75% 的受访企业表示降本增效是企业应用人工智能工具的首要目的；有 63.6% 的受访企业已经在战略层面对引入人工智能技术作出了规划；有 79.4% 的受访企业已经开始进行人工智能技术应用的初步探索。在应用案例方面，目前人工智能技术落地主要集中在以下 10 个方面（见图 8–1）：

图 8–1　人工智能技术落地主要领域

高盛公司在2023年8月1日发表的《到2025年，全球人工智能投资预计将接近2000亿美元》报告中有以下几个观点值得深入思考[①]：

对经济社会带动作用明显。生成式人工智能具有较强的经济社会推动潜力，在广泛应用后的10年中，每年将会给全球劳动生产力带来1%以上的提升。这一目标的实现，需要企业在算力、服务器、硬件、人才等方面进行大量的投入，从而推动大模型的应用落地，将企业的业务流程加快重塑。

各国加大对人工智能的投资力度。高盛预测：到2025年，全球关于人工智能的投资将达到2000亿美元；从长远看美国在人工智能领域的投资可能达到GDP的2.5%~4%，其他主要人工智能领导者国家的投资预计将达到GDP的1.5%~2.5%；中国在人工智能领域依旧会成为全球人工智能领导者。

人工智能投资领域聚焦软硬件领域。人工智能投资将主要集中在培训和开发人工智能模型、提供基础设施、开发软件和运行人工智能应用程序，以及为这些软件和云基础设施服务付费的企业。总的来看，人工智能投资将主要聚焦在硬件基础设施投资、人工智能大模型开发应用两个方面。

同样，另一家知名的咨询机构麦肯锡也发布了《生成式AI与美国未来工作》的深度调查报告，预计到2030年美国30%的工作时间将实现自动化，商业、科技、艺术、法律、医疗等几乎大部分行业都会受到生成式AI的影响。虽然会给我们的工作带来影响，但是麦肯锡的研究结论比较乐观：认为生成式AI不会彻底取代多数工作岗位，而是增强了从业人员的技能。

---

① https://www.goldmansachs.com/intelligence/pages/ai-investment-forecast-to-approach-200-billion-globally-by-2025.html

尤其是那些最容易接触到生成式 AI 的职业，最有机会获得全新的工作岗位。生成式人工智能对美国整体劳动生产率有望提升 0.5%~0.9% 个百分点，预计到 2030 年每年增加 10%①。

针对中国市场，麦肯锡也给出了研究预测：在经济推动方面，生成式人工智能有望贡献 2 万亿美元的价值，占全球的比例达到三分之一。在重点行业方面，生成式人工智能将重点在先进制造、电子与半导体、包装消费品、能源与银行领域发挥显著作用。

在具体创造的价值方面，主要包括虚拟专家、编写代码与软件开发、内容创作、客户互动等 4 个方面（见表 8–1）。

表 8–1　人工智能典型价值创造方向

序号	名称	介绍	案例
1	虚拟专家	生成式人工智能能够利用非结构化数据源归纳并提炼洞见，促进专业知识的传播	财务绩效分析中，通过生成式人工智能提供针对性的外部财务信息与内部绩效总结，可提高财务规划与分析的效率，有望将财务成本降低 4%~7%
2	编写代码与软件开发	生成式人工智能推动代码重构，加快解读、生成代码，实现自动开发、记录、纠正测试，简化软件开发流程	通过生成式人工智能将部分数据标注、数据清理、文件生成工作智能化，辅助用户识别未标注数据中的异常值，加速数据处理，提高数据质量，可以将数据管理成本降低 5%~10%
3	内容创作	生成式人工智能能够创作各种形式的内容初稿，可生成文本、图片等信息，还能生成视觉元素，加快研发节奏	在创作不同媒介深道的营销内容时，生成式人工智能能够助力创意生成与大规模创作，并推送个性化产品和服务建议，将营销成本降低 5%~8%

① https://www.goldmansachs.com/intelligence/pages/ai-investment-forecast-to-approach-200-billion-globally-by-2025.html

续表

序号	名称	介绍	案例
4	客户互动	生成式人工智能有助于打造高度个性化消费体验，通过聊天功能优化客户服务，还能够拓宽聊天机器人应用场景，从而加速客户拓展	在聊天机器人的用例中，生成式人工智能可以实现自然的对话，打造自动化自主服务，同时更加有效地解答客户疑问，准确判断疑问根源，有望降低 9%~11% 的客户运营成本

在产业与人员推动方面，随着人工智能技术的发展，智能化时代将提前到来，预计到 2030 年以前将有 50% 左右的工作内容实现自动化，这也意味着有 2.2 亿劳动者需要实现技能升级或者转型。

人工智能典型行业应用

以金融行业为例，我们来看看以上几种应用方向可以如何落地：

合同审查：生成式人工智能可以协助员工审查合同和法律文书，识别其中的关键条款、潜在风险。这些工作目前主要是以人工为主，耗时耗力准确性还不足。通过人工智能技术可以提高合同审查的速度和准确性，降低法律风险。

创意文案：根据金融行业产品、服务特点和受众客户群体，生成各种创意定制化营销文案和推广信息。工作人员可以在此基础上进行进一步修改完善，不再需要雇用模特进行拍摄，节省时间的同时也增加创意灵感，目前已经在室外广告方面获得广泛应用和落地。

撰写报告：协助金融分析师撰写相关报告，例如市场研究、投资策略、经济展望等。通过分析大量真实数据和内容，生成式人工智能可以协助起草报告的初稿。当然，初稿是否符合要求仍需工作人员来判断并进行二次修改与完善。

风险管理：生成式人工智能可以帮助银行分析和管理风险，例如通过大量金融数据分析，协助发现欺诈行为或者安全风险。同时，还可以聚焦信用评估，通过海量数据分析用户信用历史、财务情况等信息，预测客户的信用风险。

回顾历史，我们发现技术的进步，是将生产生活资料的价格降下来，最终抓住了革命性的机会。例如蒸汽机的改良，让纺织业和采矿业的效率提升，**构建起“稀缺生产生活资料—科学技术让稀缺不再稀缺—形成革命性机会”的闭环。**

同样，现阶段什么生产生活资料是稀缺的呢？人潮拥挤的医院、价格高昂的儿童教育培训、按时收费的法律服务，这些都是潜在的应用方向。

人工智能技术能够创造多大的价值，虽然各个机构发布的预测数值各不相同，但是不容否认的是很少有机构看衰这一趋势。那些曾经在 1998 年预测“互联网对经济的影响不会超过传真机”的专家只能目测新一轮技术爆发，而成为旁观者。

二、云计算 +AI——未来的“数字基石”

大模型正在经历云计算的类似阶段

DeepSeek 等大模型逐渐表现出来的通用性，正在像云计算一样成为新的基础设施。如果云计算是算力基础设施的话，那么大模型就如同智力基础设施，两者在很多方面都表现出相似性：

一方面，大模型为开发者提供了即时的智能服务，用户可以直接使用这些模型，而不需要从头开始训练或者构建自己的模型。另一方面，大模型可以通过复用和共享，为更多人或者机构提供基本的智能输出。同时，模型经过持续优化和更新，可以更好地适应不断变化的需求和技术发展。和云计算刚刚出来的时候类似，云原生、云优先等概念也是围绕云计算发展而来的，强调了系统架构的移动性、高可用、弹性和可扩展性等，以适应云计算基础设施的特点。

随着人工智能快速发展，针对大模型也出现了类似的口号，比如 AI Native 应用等。AI 的原生应用不仅仅是在产品或者服务中使用人工智能技术，而是将人工智能技术嵌入业务流程甚至是核心战略中，以实现业务的持续发展。

大模型对云计算的影响

按照服务类型的不同，云计算可以分为三类，分别是基础设施即服务

（IaaS）、平台即服务（PaaS）和软件即服务（SaaS）三个层次。那么大模型对这三个领域都会带来哪些影响？

基础设施即服务方面：随着大模型的训练和落地应用，IaaS 层带来的主要变化就是需要给大模型提供算力资源，也就是 GPU 算力服务。算力服务是基础，也是当前各个科技企业在大模型领域布局的重要卡点之一。

平台即服务方面：这也是科技巨头希望布局的重点领域，通过自己的大模型构建基础设施，从而为开发者提供对应的原生开发工具，最终目的是促进应用层更好地发展。

软件即服务方面：过去 AI 在 SaaS 的应用主要聚焦在机器视觉等单一领域，还不具备通用智能的基本特点。随着大模型的出现，未来每个人都会有机会成为超级个体，无论是依托传统软件融合 AI 的能力，还是 AI-Native 应用创新，都将成为使用者的多样化智能工具，尤其是对于各行业数据处理和业务流程的重塑方面，大模型在 SaaS 层会有大量的机会和创新。

需要指出的是，大模型只能解决技术或业务上的问题，人工智能并非灵丹妙药，也不是企业的救命稻草，商业模式和生态的问题依旧存在。一方面，大模型可以提升效率，但最终不能改变商业模式的本质，如同 AI-Copilot 一样，和传统的软件融合，实现与现有业务流程的紧密结合，最终是为了提升效率。另一方面是完成之前没有解决的问题，这一类问题会驱使 AI-Native 构建新的应用和生态。

三、教育革新：AI 如何成为知识的“传播者”

教育领域一直是大模型技术落地的关键应用场景，之所以成为大众关注的焦点，主要原因有：一是个性化学习一直是教育领域期待的强需求；二是教育一直以来扮演的主要是引导社会前进的关键角色，大模型对于未来如何培养人才具有深远意义。

DeepSeek 和 ChatGPT 在各种比赛、考试方面超过人类选手的案例已经比比皆是，哈佛大学文理学院为了让师生更好地使用人工智能，还专门发布了《人工智能使用指南和常见问题》，专门建议老师在布置作业的时候，要针对学生会使用生成式人工智能为前提，对作业设计提出调整。《自然》杂志在 2023 年下半年发表的一篇针对全球博士后的调查表明，有三分之一的受访者正在使用 AIGC 工具来帮助自己修改文字、生成代码、整理相关领域文献等工作，受访者认为 AIGC 工具能非常便利地协助自己开展科研与日常工作。同时，知名的教育公司——Chegg，也在转向人工智能来更好地为学习者服务，并启动了内部大语言模型的构建。

教育模式的转变与回归

过去的教育模式主要是采取记忆的方式，ChatGPT 的出现将改变这一状况，单纯靠记忆去学习知识的方式开始变得不那么重要，ChatGPT 可以从不同角度给出答案。同时，互联网时代，在线教育的核心是通过互联网来提高老师的教学效率，但是人工智能将实现大量高质量教学内容的供给，来满足个性化的学习。但是大家不需要恐慌，在这一过程中对问题和答案的思考更加重要：比如 ChatGPT 的回答有多少可信度，批判思维能力成为学生驾驭人工智能的关键等。

从根本上讲，ChatGPT 给到我们的是信息，这些信息还需要去粗取精、去伪存真，使之成为真正的知识，这才是在人工智能时代教育学生的主要任务。

因此，在教育领域人工智能可能带来的价值远远大于挑战。

自古以来，教育的精髓其实就是以对话的形式展开，无论是孔子和他的弟子之间，还是苏格拉底和他的学生之间，“教育即对话”在几千年前就已经流行开来。ChatGPT 的出现，让我们有望可以和各类经典作品的作者进行一对一的对话，想象一下每个学生都可以和大师面对面是什么感觉（见图 8–2）。

教育领域的五个潜在方向

在其他领域，人工智能落地还需要一定时间和技术突破，但是在教育领域，其趋势已经比较明显：

1. 角色扮演

每个孩子都有望能够和大师一对一“交流”，甚至进行角色扮演。不同学生的思维方式、学习方法、知识盲区等各有不同，导致千人一面的教学现实与千人千面的理想有着较大差距。大模型可以通过 AI Agent 将具备提供高度个性化的学习体验，可以根据不同学生的学习需求和偏好来对学习方式进行量身定做。例如可以让 ChatGPT 作为辩论对手来指出学生论点中的不足之处。通过对话模式帮助学生以更加丰富的思维和新颖视角来我在实际工作生活中，该如何应用道德经呢？

《道德经》的智慧可以在我们的日常生活和工作中得到应用。以下是一些具体的建议：
1.“无为而治”：这是《道德经》中的一个重要概念，意思是通过不干预、不强迫的方式来达成目标。在工作中，这可能意味着作为领导者，你应该信任你的团队，给他们足够的自由和空间去完成他们的工作，而不是过度干预。在生活中，这可能意味着我们应该顺其自然，接受事情的发展，而不是强求。
2.“和光同尘”：这是一种谦虚低调的生活态度。在工作中，这可能意味着我们应该保持谦逊，尊重他人，不炫耀自己的成就。在生活中，这可能意味着我们应该珍视内心的平静和满足，而不是追求外在的物质和名誉。
3.“道法自然”：这是《道德经》中的另一个重要概念，意思是遵循自然的规律。在工作中，这可能意味着我们应该尊重事物的自然发展过程，不强求结果。在生活中，这可能意味着我们应该尊重自己和他人的自然状态，接受并欣赏我们的独特性。
4.“知足常乐”：这是一种生活态度，意味着满足于现状，珍惜现有的一切。在工作和生活中，我们应该学会感恩，珍惜我们已经拥有的，而不是总是对未知的未来感到不满。
以上只是《道德经》中一些智慧的应用建议，实际上，《道德经》的内容非常丰富，可以在很多方面给我们提供指导和启示。

假如你是老子，请你为我讲解《道德经》。要求对于一个中年人在事业上要如何进取提供建议。

作为老子，我会从《道德经》的角度来为你提供一些关于事业进取的建议。
1.“无为而治”：这是《道德经》中的重要理念，意味着顺其自然，不强求。在事业上，这可以理解为要顺应事物的自然规律，不要过于急功近利，而是要有耐心，适应环境，顺应事业发展的自然节奏。
2.“上善若水”：水能适应各种环境，能够流动，能够滋养万物，但又不争。在事业上，这意味着要有包容和适应的心态，要有流动性和灵活性，要有利他的精神，但又不过于争强好胜。
3.“知足常乐”：知道自己需要什么，知道自己的目标是什么，满足于自己已经拥有的，这是一种内心的富足和满足。在事业上，这意味着要明确自己的目标，满足于自己的成就，不过于贪婪。
4.“道常无为，而无不为”：这是说道的力量是无形的，但却无所不能。在事业上，这意味着要有信心，相信自己的能力，即使看不到立即的结果，也要相信自己正在朝着目标前进。
以上就是我从《道德经》中提炼出的一些关于事业进取的建议，希望对你有所帮助。

和光同尘该如何理解？

“和光同尘”这个词语源自《道德经》的一句话，原文是“上德不德，是以有德；下德不失德，是以无德。上德无为而无以为；下德无为而有以为。上仁为之而无以为；上义为之而有以为。上礼为之而莫之应，则攘臂而扔之。故失道而后德，失德而后仁，失仁而后义，失义而后礼。夫礼者，忠信之薄，而乱之首。前识者，道之华，而愚之始。是以大丈夫处其厚，不居其薄；处其实，不居其华。故去彼取此。”
“和光同尘”的意思是指混合在光明中，与尘土同存在，这是一种谦虚低调、不显山不露水的处世哲学。它强调的是内在的修养和涵养，而不是外在的表现和炫耀。在现实生活中，“和光同尘”可以理解为做人做事要低调，不要过于张扬，要有内在的修养和涵养，要有深度，而不是只注重表面的形象和虚名。

道德经里的“玄之又玄，众妙之门”该如何理解？

“玄之又玄，众妙之门”这句话出自《道德经》的第一章。这里的“玄”，在古汉语中，常常被用来形容深奥、神秘的事物。所以，“玄之又玄”可以理解为“深奥之中更深奥”，或者“神秘之中更神秘”，用来形容道的深邃和无法用言语完全表述的特性。
“众妙之门”则是指这个深奥的“道”是通向所有美好、奇妙事物的入口。也就是说，理解和领悟这个“道”，就能打开通向智慧、理解、和谐和平等美好事物的大门。
所以，“玄之又玄，众妙之门”整体来看，是老子对“道”深不可测，却又是通向一切美好的入口的形象描述。这也是老子鼓励我们去探索、理解和实践“道”的含义，以达到生活的和谐与平衡。

我还是不太理解，请用更通俗的语言解释一下，最好有案例。

好的，我会尽量用更通俗的语言来解释“玄之又玄，众妙之门”这句话。
“玄之又玄”，可以理解为“深奥之中更深奥”。就像是海洋，你看到的只是表面，但实际上它的深度和广度远超我们的想象。这里的“玄”，就像是海洋的深度，代表着"道"的深邃和无法用言语完全表述的特性。
“众妙之门”，可以理解为“通向所有美好事物的大门”。就像是一把钥匙，虽然看起来普通，但它可以打开一个新世界的大门。这里的“门”，就像是那把钥匙，代表着理解和领悟“道”可以帮助我们打开通向智慧、理解、和谐和平等美好事物的大门。
举个例子，比如你是一名画家，你的“道”可能就是你对艺术的理解和追求。这个“道”是深奥的，因为艺术是无法用言语完全表述的，每个人的理解和感受都是不同的，这就是“玄之又玄”。但是，只有通过理解和领悟你的“道”，你才能创作出真正有深度和内涵的作品，这就是“众妙之门”。

图 8-2　与大模型聊天机器人一问一答探讨中国传统哲学文化

掌握知识。同时，通过将学习内容和更多游戏元素的结合，使得学习变得更加有趣和吸引人，通过互动、视觉效果来呈现多维度的学习内容。孩子也可以通过即时反馈、互动体验来激发学习动力。再比如，国内学生在英语学习中口语一直是弱项，大模型可以生成大量高质量内容、实现连续对话、模拟不同场景和语境，来帮助学生甚至职场人士进行口语练习、应试练习。

2. 培养批判性思维

人工智能传授的是“智”，老师启发的是“慧”。我们将从过去“知识就是力量”变革到“提出一个好问题 + 独立思考 + 创造力 + 同理心”。尤其是 DeepSeek 给出的答案可能不是非常准确的时候，可以引导学生对是否应该相信 DeepSeek 给出的内容进行批判性思考，并教育学生通过其他渠道获得确认信息，从而养成批判思维和创造力。同时，人工智能给教师也带来了新的要求，需要让学生和人工智能的交互中形成独立的思考，提升自身能力。

3. 个性化教学设计

传统教育是工程化、流程化的学科式学习，这和真实世界是脱节的。未来我们会看到基于真实世界和复杂网络构建的“项目式学习”，它是多维网状的知识学习，而非线性的。老师可以将课程大纲投喂给 DeepSeek，结合教学过程的实际情况，让 DeepSeek 作为制定课程教材测验、考试和课程设计助手，从而降低老师的教学工作负担。再比如，教师在设计考卷的时候，可以让 DeepSeek 进行作答，如果 DeepSeek 能够获得较高得分，甚至满分，那么说明试卷难度不高，对学生知识点掌握情况的考察价值不大，老师需要让学生做得比人工智能更好才会有价值。

4. 回归教育中心

教育的变革也将从以教师、教学为核心，向以学生为核心进行转变。人工智能将成为“美好教育”的标配，人机协同成为教育的必选项。尤其是大模型在意图理解、自然语言交流上的优势，让“因材施教”有望真正得到落实。同时，大模型可以作为辅导老师，来承担学生部分辅导工作：成本低廉、情绪稳定、知识丰富，而且 24 小时在线，让很多原本负担不起这项服务的消费者变为可能。

5. 终身学习成为标配

大模型可以提供各个领域的信息和资源，知识获取的门槛进一步降低。这将推动终身学习变得更加普遍，甚至成为每个人的标配。尤其是借助人工智能在语言翻译方面的优势，来自不同国家、不同教育背景的人都可以轻松地进行合作和知识分享，打破语言障碍实现更多的融合创新。未来人们将会在整个生命周期内不断学习和提高自身的技能。

大模型在教育领域面临的挑战

当然，大模型不是万能的，在教育领域也不能解决所有问题。

高质量内容被污染。大模型在回答事实性问题上，还有很多不足甚至是错误的内容。最近已经在知乎等平台上看到大量 ChatGPT 生成的回答，这些内容准确性难以保证，后续将会对高质量的内容进行稀释甚至污染，导致大量低质量内容出现。

可以依靠 AI，但不能依赖 AI。当我们沉浸在大模型可以替我们完成大量初级工作的喜悦中时，我们也在面临巨大的挑战：目前尚难以把大量的工作交给人工智能，例如我们无法想象没有医生来看医学影像资料，而是把所有诊断交给机器；另外初级岗位逐步被替代，只留下资深专家，这也不合理，因为没有初级人员，不可能产生专家，专家也是从初级逐步成长为高级的。**按照这种趋势发展，人才将会断档。**如同现阶段很多人经常会出现“提笔忘字”的情况，电脑替代了手写、计算机代替了算盘，人们在大模型能力面前显得更加渺小，未来 AI 将让更多技能不再出现在人类的认知当中。

激发学习动力不能依靠技术。教育的核心目标之一就是要激发学习者的内在学习动力。在这方面技术能做的只能是提供更适合的方式让孩子来学习，比如尽量减少孩子对学习的反感程度，增强对学习的兴趣等。但是技术依旧难以替代孩子本身的主观能动性和内心对知识的好奇心与求知欲。

教育是一个漫长的循序渐进的过程，通常难以通过短时间来获得较大的效果。尤其是从孩子长远发展的角度来看，机械式地提高分数，让家长为之付费的做法无疑是饮鸩止渴。当前海量信息的爆发式增长已经让终身学习成为每个人都必须面对的挑战。因此，从长期来看教育是一项漫长的投资，需要的不仅仅是技术，还有耐心。

孩子们该如何面对这轮 AI 革命

我们该如何教育和培养孩子们，才能够在未来的人工智能时代不被替代呢？

批判思维帮助孩子建立对世界的正确认知。每个人对这个世界都有自己的认知框架和认知体系，这个体系的形成是在孩子的成长过程中逐渐培养的。对于这个体系是对是错，不仅仅要找到支持的证据，更要关注与我们信念相矛盾的证据，那些反驳我们信念的证据才能让人们不断接近真相。

这也就是我们经常说的批判思维，只有对问题进行独立的思考，拥有开放的心态和批判思维，才能够不断完善我们对世界的正确认知框架。大模型时代，内容的生成将变得更加容易，这些内容很可能是一些虚假信息，而学生又不了解这些，因此需要学校和老师在学生使用过程中予以指导和协助，最终对 ChatGPT 生成内容进行负责的是用户本身，也就是我们每个人建立起的认知观念和批评思维。

保持好奇心和持续学习的能力。世界在不断变化，就在作者写这本书的当下，OpenAI 正在经历 CEO 奥尔特曼被辞退、与董事会谈判、加入微软、首席科学家公开道歉等一系列变故，而这一切仅仅在 2 天时间内发生。因此，站在今天的时间点上，我们很难精准地预测什么技术会在未来能够发挥作用、什么事情会突然发生。唯一可以确定的是：我们需要让孩子保持不断学习的状态。但是这种状态很难靠外力一直持续下去，需要好奇心来驱使，从而让孩子更加有动力去不断学习新的事物和技能。孩子天生是有好奇心的，我们需要做的是保护好它，并帮助孩子们探索自己的兴趣，培养学习的能力。

用好工具、培养创造力。前面的内容对大模型是如何生成图像、音视频、文字的原理进行了介绍，相信大家对大模型的创新已经有了很好的理解。但是大模型的这种创造更多是基于已经学习的语料信息进行拼接或者二次加工，因此严格意义上来讲大模型并没有做出完全原创的内容。而这正是未来人们可以领先大模型的地方，因为创造新事物的能力要比解决旧问题更加重要。在创造新事物的过程中，我们应该教会孩子去使用人工智能工具，让创造力和提效工具碰撞出更多火花。

四、医疗革新：未来的“健康守护者”

Alex 的治疗经历

2023 年下半年，一则 ChatGPT 诊断疾病的新闻引发关注。美国一名四岁男孩 Alex 一直遭受疼痛折磨，从头疼、磨牙再到走路不协调，在三年时间里 Alex 看了 17 位医生，但是一直没有查出病因。最终 Alex 的母亲把孩子的病情和检测结果输入 ChatGPT，很快给出的结论是“脊髓栓系综合征”，一种由脊柱裂等问题导致的脊髓受牵拉、压迫的疾病。这一判断最终得到了神经外科医生的确认和认同。

那么，是不是说 17 位专业的医生能力，已经抵不过 ChatGPT 的寥寥数语了？事实上，并非这些医生不够专业，“脊髓栓系综合征”是一种罕见疾病，在美国的发病率为 0.3%~1.43%，已经进入罕见病的范畴之中。医疗技术的飞速发展，让医生的专业更加细分，各个科室的医生对与自己专业相关的疾病比较熟悉，一旦出现罕见病，很多时候是超出他们的认知的，因此难以第一时间得出准确判断。

ChatGPT 之所以能够快速准确地给出答案，主要是得益于人工智能汇聚了海量的互联网信息，可以理解为人类知识库中的信息的集合，其知识面远远超过我们个人，因此做出的判断和对信息收集也就更加全面。尤其是在训练过程中接触了罕见病的知识，就会留存在数据库中，一旦接收到人们的提问，可以快速准确地做出反馈。因此高质量的医疗行业数据资源也是 ChatGPT 能够提供有效建议的关键所在。

如同 AlphaGo 一样，当人工智能几乎穷尽了所有棋局的可能性后，就可以做出更优的选择。

当然，并不是说有了 ChatGPT，我们看病就可以全部依赖人工智能了。在 ChatGPT 出现之前，对于 Alex 来说，如果想快速确定病情，传统的方法是专家会诊，不同科室的专家一起坐下来讨论病情并给出解决方案。但是专家会诊一般是在病情非常危急的情况下才会开展，同时需要患者承担的费用不菲，并不是普通人能够享受的。

而通过 ChatGPT 的这次实践，**我们看到了传统专家会诊的“平替”方案，**通过与人工智能的对话，相当于与具备多种专业知识的顾问进行沟通，让患者可以更加容易地享受到专家会诊的健康诊疗顾问服务。

未来 AI Agent 在医疗领域的展望

未来，随着 AI Agent 在医疗健康领域普及，未来大模型还将在以下几个方面发挥作用：

扩大医疗范围并降低成本。未来 AI Agent 可以协助患者进行初步分诊、提供健康问题的建议，同时能够帮助医疗工作者作出更加明智的决策，这对于医生和患者来讲都将是莫大的帮助，尤其是对一些医疗资源不够充足的地区，AI Agent 可以帮助更多困难的人获得医疗帮助。当然，医疗领域对准确性和安全性的要求较高，因此 AI Agent 的落地还需要一定的时间。

心理健康护理。心理咨询在国内尚未全面普及，同时动辄几百元每小时的心理咨询费用并非普通人能够承担得起。AI Agent 可以将心理治疗这种对普通人较为奢侈的服务进一步普及，并且让心理治疗变得更加经济实惠且容易获得。如果我们愿意将自己的经历分享给 AI Agent，它能够以专业心理医生的水准提供服务，而且是24小时待命，永不感到厌烦。例如，产后抑郁症影响着很多宝妈，而聊天机器人或者AI Agent可以为宝妈提供重要的情感和精神支持，宝妈可以利用人工智能表达自己的担忧、希望和需求，并重新构建自己的想法。

人工智能在医疗领域还能做什么

除了病患，医生也可以借助人工智能技术，来更加全面地为病患进行诊断，从而更早地发现病因。例如加拿大一家医药公司RetiSpec研发了一种全新的人工智能算法，可以帮助分析眼部扫描的结果，有望在人们出现阿尔茨海默病前20年检测出是否患病；再比如美国加利福尼亚州一家名为Neurovision的公司希望利用机器学习技术来改进视网膜扫描和血液测试技术，来帮助高危人群监测阿尔茨海默病等。针对2型糖尿病，科研人员利用大模型也找到了新的突破口。研究人员用大模型来识别患者一段6~10秒的语音，通过音调和音调标准差来作为诊断2型糖尿病的主要特征。

可以说人工智能、医生、患者之间是相互成就的关系。一方面人工智能作为患者和医生的好帮手，可以提高医生诊疗的效率，另一方面人工智能可以让患者更加全面的了解病情，作为自己的健康顾问。**技术的出现并非谁替代谁的零和博弈，关键在于如何将其融入我们的工作和生活中。**

五、金融革新：大模型如何成为金融界的“魔术师”

金融行业是经济的命脉，人们在数字化和智能化领域也持续探索实践了很久，因此有大量的数据和丰富的业务场景，为大模型商业化落地提供了肥沃的土壤。但金融行业又很特殊，监管要求、合规要求让大模型在应用过程中面临诸多挑战。目前来看，在安全领域、投资领域、生产力应用领域、客户服务领域有比较好的前景。

投资领域：普华永道《全球资产和财富管理调研报告2023》显示，全球资管规模在2022年达到115.1万亿美元，由机器人理财所管理的资产总额预计在2027年达到5.9万亿美元。以理财场景为例，理财师需要掌握大量的理财产品特点，但是一线销售人员难以达到较高的专业门槛，传统方法是销售人员遇到专业度较高的问题会转向中台人员进行协助，但是这种方法时效性较差。通过大模型技术的落地，销售人员遇到问题后可以直接询问智能助理，从而快速得到答案。

在生产力应用领域：人工智能设备可以对金融领域的数据处理和文档内容工作进行完善，应用范围也非常广泛。目前来看，面向企业内部员工的文档问答是一个较为稳妥的尝试。金融行业的相关企业积累了大量文档内容，但是大部分分散在不同的部门，没有实现统一管理。这一特点在其他企业也普遍存在，因此如何能够将这些文档中的知识点抽取出来，形成有价值的内容成为大模型需要解决的重点问题。

客户服务领域：这个领域成熟度相对较高，尤其是人工智能驱动的聊天机器人既可以帮助客户，又可以显著降低企业成本。

安全领域：金融领域每年因为欺诈损失超过上百亿美元，借助人工智能工具，金融企业可以更好地检测金融活动并提高网络安全性能。

六、硬件革新：智能硬件进入创新“拐点”

智能硬件创新趋势

未来的大模型，将如何加载到智能终端上呢？

可以预见，未来的智能终端将以大模型为基础，实现语言驱动的计算和控制，可以支持对话设备，并提供一个功能强大的操作系统。甚至可以为 Rabbit R1、Humane Pin 或 Star Trek 这类不需要控制屏幕，只需要人类用语音或者手势来操作完成任务的设备提供对话交互支持。

脑洞再大一点，未来的 AI 硬件，会不会在戒指和眼镜上做文章？比如戒指，特点是轻巧、无感，可以用来检测身体指标（如心率、睡眠、运动等），同时可以作为一个自动录音器，生成并提炼每天交流的内容，构建用户的数字人生数据库。通过振动，戒指还可以成为聊天工具或者信息收发的提示器。再比如眼镜，眼镜是许多成年人的必备工具，AR 技术的成熟将会推动用户通过镜片来识别当前观看到的物体，并提供相关的解读信息；眼镜还可以作为电话，替代无线耳机。

未来，人工智能在硬件领域将有巨大变革，可以预见的将有以下几个方向：

第一，买手机就是买端侧大模型，手机摄像头、续航、屏幕等各家将难分伯仲，端侧大模型能不能用、好不好用才是用户在意的。

第二，App 开发进入衰退阶段。手机下载 App 将变成低频需求，除了头部企业会自己研发大模型外，App 将逐步向 API 进行转换。

第三，大模型不仅是业务流程的某个提效环节，而且是作为内核，业务围绕大模型来进行重构。

第四，交互入口发生变革，不再是App或者网页设计，交互界面将基于对话信息，实时运算生成适合用户的动态界面，这里包括图片、文字、音视频等内容。

七、中小企业的 AI 之路：如何利用大模型实现飞跃

大模型的竞争不断进入白热化，仅国内发布的大模型已经超过 200 个，但是遗憾的是最贵的不一定是最好的，但是最好的必然要求巨额资本和人才的投入。**那么这场“剩者为王”的竞争中，还有中小创业者的机会吗？**

答案是有。另外还有很多用户的痛点，需要去解决。

文生图大模型的应用，目前已经在业内逐渐普及，在各种海报、绘本已经看到大量文成图的成品。但是在使用过程中，这项技术还是有诸多不足之处，**比如生成的图像中，很难控制和生成正确的文本内容（见图 8-3）。**

图 8-3　AIGC 文生图还有诸多不足

例如，一家名为 Ideogram 的公司，推出了文生图模型，旨在解决用户创建包含可以正确表达的文本和逼真的图像，同时还提供了“魔法提示”功能，帮助用户细化和丰富提示词要表达的内容。在图像中生成正确文本，Ideogram 通过其文本渲染功能来解决这个问题，它不但实现在图像中直接添加文字，而且文本与图像融合度非常高，这一改进为后续个性化创作，包括海报、生日卡、T 恤、商标等提供了较好的帮助。用户的这一痛点，成为 Ideogram 的突破口，该公司于 2024 年 2 月对外宣布完成了 8000 万美元的 A 轮融资。

相对于大企业，中小企业其实并不是非常关心技术愿景，更在意的是谁能够帮助它们解决生存问题、成长问题。而大企业应用新技术的关键在于降本增效，因为大企业体量大，效率提升几个百分点就能够节省大量资金，但是在这个过程中需要不断进行优化。增长和发展是企业成长的动力，而中小企业很难靠降本增效推动需求增长，它们更愿意为了发展而付费。例如人工智能配音工具，服务的就是一个个内容创作者，解决的是中小企业普遍面临的问题，反倒是这些小企业把人工智能技术变成了健康成长的业务。

八、Adobe 的逆袭：AI 改写创业产业

Adobe 公司大家应该并不陌生，这家成立于 1982 年的公司，旗下有很多明星产品，如图像处理软件 Photoshop、Premiere 等，以至于在修改图片时，很多人往往会用“P 图”来表达，足见 Adobe 软件的受欢迎程度。

随着生成式人工智能的发展，尤其是 Midjourney、Stable Diffusion 以及 DALLE-3 等工具的出现，很多人一度认为 Photoshop 即将没落，要把接力棒交给新的生成式图像软件。但是生成式人工智能经过一段时间的突飞猛进，能够赢利的企业和应用寥寥无几，反倒是 Adobe 公司的股价不断创造新高，截至 2023 年 10 月底，Adobe 公司的股价实现了 71% 的涨幅，市值上涨了约 1000 亿美元。

为什么在技术创新迅猛的领域，老牌厂商反而屡创佳绩？

要回答这个问题，我们要先看看 Adobe 公司到底做了什么，以及做对了什么事情？

为了应对生成式人工智能的浪潮，Adobe 公司对外公布了其生成式人工智能工具 Firefly，这个工具和其他文生图工具一样，可以通过提示词来生成图片。但是其生成的质量，在初期与其他同类型产品相比并不算强，关注度也不高，不过这不影响 Adobe 在投资市场受到欢迎。其中的核心原因在于 Adobe 解决了其他生成式人工智能无法应对的版权问题。

首先，判断版权合规。Firefly 训练的数据来自 Adobe 的自由图库 Adobe Stock，这里的图片均是公开授权的图片或者是版权已经过期的图片。虽然在全球图库市场份额中，Adobe Stock 占比不高，但是好处在于它可以降低

侵权风险。对于一些不符合规则的图片，Firefly 会在生成前就进行链接，从而降低出现版权纠纷的可能性。

其次，构建收益联盟。对于创作者而言，可以把作品上传到 Adobe Stock 里，如果有其他下载图片则被视为达成交易，作者可以获得相应的版税收入。

最后，融入工作流。为了将生成式人工智能的价值发挥到最大，Adobe 不断迭代人工智能的新功能，新功能总数在 2023 年 10 月超过了 100 项，这意味着生成式人工智能绘画的能力已经融入 Adobe 绝大部分的工作流程中。

例如，设计师用 MIdjourney 生成一系列图像，如果想要在 Photoshop 中进一步编辑修改的话，需要将图像转化为矢量图才能避免失真，整个过程较为烦琐。但是如果用 Adobe 自带的生成式人工智能工具，可以直接生成矢量图形，从而让图像生成–编辑都在 Adobe 里进行，这对一直使用 Adobe 工具的人来说无疑是个非常好的消息，可以更好地发挥他们在现有工作流中的价值。

AI大模型总结

1. AI 技术的经济影响：人工智能技术正推动经济格局的变革，通过提高运营效率和降低人力成本，为企业带来显著的成本节约。预计全球对 AI 的投资将显著增长，尤其在金融、医疗、教育等行业，AI 的应用将极大提升行业效率和效果。
2. 云计算与 AI 的融合：大模型作为新兴的基础设施，与云计算的结合为开发者和企业提供了强大的智能服务。这种融合推动了 AI 原生应用的发展，使得 AI 技术更加易于获取和应用，同时也为云计算带来了新的发展机遇。
3. 教育领域的 AI 革新：AI 技术在教育行业的应用预示着个性化学习的新时代。大模型能够提供定制化的学习体验，满足不同学生的学习需求，同时，教育模式也将从以教师为中心向以学生为中心转变，使人工智能成为教育的新常态。
4. 医疗与金融行业的 AI 应用：在医疗领域，AI 技术有助于扩大医疗服务范围并降低成本，尤其在心理健康护理等方面展现出巨大潜力。金融行业则通过 AI 技术提高投资决策的效率和安全性，同时在客户服务和风险管理等方面实现创新。
5. AI 技术对硬件创新及中小企业的影响：智能硬件领域的创新趋势表明，未来的设备将更加依赖于 AI 技术，提供更加丰富的交互体验。对于中小企业而言，AI 技术提供了解决特定问题和实现业务增长的机会，它们可以通过将 AI 技术融入现有业务流程来提升效率和创新服务。